唐式木结构建筑营造技艺的活化利用

以宝山寺设计为例

上海原构设计咨询有限公司 著

清华大学出版社
北京

U0388941

图书在版编目（CIP）数据

唐式木结构建筑营造技艺的活化利用：以宝山寺设计为例 / 上海原构设计咨询有限公司著. -- 北京：清华大学出版社，2024. 10. -- ISBN 978-7-302-67453-5

Ⅰ. TU-092.242

中国国家版本馆CIP数据核字第2024UE6466号

审图号：GS京（2024）2099号

责任编辑：刘一琳
装帧设计：陈国熙
责任校对：王淑云
责任印制：沈　露

出版发行：清华大学出版社
网　　　址：https://www.tup.com.cn，https://www.wqxuetang.com
地　　　址：北京清华大学学研大厦 A 座　　　　　邮　　编：100084
社　总　机：010-83470000　　　　　　　　　　　邮　　购：010-62786544
投稿与读者服务：010-62776969，c-service@tup.tsinghua.edu.cn
质量反馈：010-62772015，zhiliang@tup.tsinghua.edu.cn
印　装　者：北京博海升彩色印刷有限公司
经　　　销：全国新华书店
开　　　本：200mm×265mm　　　印　　张：18.25　　　字　　数：440 千字
版　　　次：2024 年 10 月第 1 版　　　　　　　　印　　次：2024 年 10 月第 1 次印刷
定　　　价：198.00 元

产品编号：103031-01

编委会

序言　上海宝山寺二十年营造

　　自我佛释尊大慈悲心降生人间、开悟人间、度化人间后，鹿野苑初度五比丘，佛法僧三宝具足后，常随弟子日众成就了道场。最著名的有竹林精舍、祇园精舍，规模宏大，诸经大部俱出二园。后自佛法东传华夏大地，摄摩腾、竺法兰白马驮经洛阳——白马寺成为华夏初寺，随着佛法广播，伽蓝遍布神州，以佛教的庄严庄重，极乐世界无垢清净的美学精神，与中华文明交汇融合，形成了人与自然合一、气势恢宏、具有中国特色的佛教建筑。

　　宝山寺于今开山五百多年，曾名梵王宫，后为宝山净寺，2002年改名为宝山寺。与许多名山大寺一样，在时代更迭中，被天灾人祸、兵火摧残蹂躏，一次次成为废墟，又一次次重建得以延续。尤其是在抗日战争中至为严重，几乎毁尽，唯大雄宝殿幸免于难。1988年，从达和尚铁肩重振，十方善信集诸善缘共襄盛举成就规模。然惜当时未能从容规划，造成诸多不足，终成缺憾。

　　因缘成就，我自2002年9月入主宝山寺主持寺务，在宝山区政协五届一次会议上提交了《配合罗店镇开发建设，高品位、人文化地改造宝山寺》的提案，在市、区、镇党委政府及区统战部、宗教局、市佛协等有关部门的大力支持下重新规划建设宝山寺。

　　宿植善根，多年的心愿。欲建千年之道场，成就万年之伽蓝。正如《法苑殊林》云："遍满三千之界，住持一万之年，建苦海之舟航，为信根之枝干，睹则发心，见便意返，益福生善，称为伽蓝也。"殊胜的因缘成就我深藏心底的心愿，我将无畏艰辛、勇往直前成就道场。

历史更迭留下许多痕迹，深沉而厚重，而千百年时光弹指一挥间，在中国大地留下的印记中，唐朝是佛教文化发展的黄金期，也是佛教建筑非常成熟的阶段。山西佛光寺即是晚唐历史诗篇的遗珠，是如山一样的存在，厚重宏大，端庄凝重。我们的眼光锁定以佛光寺为依据的唐朝建筑风格，采用传统施工技艺及原材料呈现宝山寺。

在规划上，我们以传统伽蓝七堂制来规划。以佛堂为中心，依次有山门、天王殿、大雄殿、藏经楼，左右有药师殿、观音殿、伽蓝殿、祖堂，排列有序。采用最传统的全木榫卯结构来复原中国唐代大气恢宏的建筑文化，呈现以佛教文化为载体的富有古典建筑韵味的佛教建筑群，是我们努力的方向。

从第一桩到大雄殿落成，开启了宝山寺营造，到现在"复殿重廊，连甍比栋。幽房秘宇，窈窕疏通，密竹翠松，垂明擢秀，行而迷道"的盛景。历经二十年的艰辛之路，犹如玄奘大师西行取经之路。虽然辛劳，但在诸佛、菩萨、龙天护佑下，终是山门重辉，灯火相续。既是道场的成就，又是围绕传统营造技艺的重新发掘、研发、再造、保护和极具探索性的实践。

二十年的营造，慧日朗照、时代更新。在汉传佛教两千载的历史前，二十年光阴只是长河一瞬，但对于今日之宝山寺却是千载于一时，一时开启千载。这段岁月是如此不平凡，二十年努力，山高水长、天高地厚，其中凝聚了各级政府的关心与支持，广大护法的鼎力布金、庄严慈护。诸多大德绵绵心意，用心血与智慧护持成就了今天的宝山寺，原构、殿行建筑诸多善士的用心，殷殷之情令人感怀至深。

今日宝山寺上继五百年的开山历史，下启千年之盛景。香火延续，法音绵延，重续辉光，祈愿千载，天时地利人和，是中华文化的伟大复兴所赋予的时节因缘。为后世留胜迹，让子孙可登临，让山门生光辉。经轮常转，赓续人文，佛法常青，物质文化遗产的再造保护，传承中华文化伟大复兴，让佛法再续两千年，山门永固亿万年。

世良

宝山寺护念居丈室

目录

第一章　前世今生

宝山寺位于上海市宝山区西北部的古镇——罗店镇（图1-1-1）。它的形成，源于1500年前的沿海滩涂涨沙成陆。

据考证，早在六七千年前，由于长江和海水的交互作用，发育出上海的古海岸线"冈身"，呈"西北—东南"走向，如长龙一般，略似弓形，纵贯了现在上海的嘉定、青浦、松江、闵行、金山五个区（图1-1-2）。"冈身"是沿海地区特有的一种地理现象，由比附近地面高出几米的贝壳沙堤构成。上海的海岸线随"冈身"的形成而稳定下来，西部首先形成原野陆地，东部海疆经汉唐以后至近现代，逐步形成陆地（图1-1-3）。

罗店地区位于"冈身"以东，初在汪洋之中，因流沙沉积开始成陆。北宋起始有渔村，到了元代成为镇集，至明代初期，罗店已成为物产丰富、商贾云集的商业大埠。清康熙年间，罗店的贸易之盛，胜过嘉定县内各大镇（当时罗店属嘉定县，清雍正三年（1725年）改属宝山县），在周边的嘉定、南翔、太仓、江湾、大场一带中最为繁荣，遂有"金罗店"之美誉（图1-1-4）。

第一节　舍宅为寺

明代（1368—1644年），罗店镇经过近150年的发展，呈"街衢综错，宛如棋枰绮脉之形"，人文荟萃，一派兴旺。随着经济快速发展，镇上名流住宅日益增多，有"怀石山房""玉兰堂""江楼"等富丽堂皇的高墙深院，最大的有十三厅三堂；亦有"孙家花园""杨家花

①
图片来源：上海市宝山区人民政府·罗店镇官方网站。罗店镇位于宝山西北部，南与顾村镇为邻，东与月浦镇相依，西与嘉定相连，北与宝山工业园区北区、罗泾镇相接，镇域面积44.19 km²。下辖21个行政村、1个捕捞大队、49个居委会（其中在筹居委会29个）。截至2019年年末，有户籍人口70 399人。

②
清光绪《罗店镇志》记载，明正德六年（1511年），罗店人唐月轩把自己的豪宅捐为供佛的场所。

③
当时有两项普遍的社会风气推动了佛教寺院的变化，即"舍宅为寺"及"参禅之风"。在皇帝的带动下，大官、贵族、富商竞相舍宅，使得这种中国式寺院布局，逐渐被社会接受。《洛阳伽蓝记》中记载的55座寺院中有12座是由高官大吏舍给寺院的宅第建成的。这些府邸改为寺院以后，多将主体建筑的前厅改为佛殿，将后堂改为法堂或讲堂，僧人另选别院居住。

图1-1-1　2021年上海市宝山区行政区划图^①

园""梅园"等景色秀美的私家园林。"东皇庙""水龙庙""玉皇宫"等庙宇寺院亦香火日盛。

　　"玉皇宫"建于明正德六年（1511年），罗店镇士绅唐月轩因虔诚信仰佛教，故舍宅为寺，题名真武阁，又名北极阁^②。所谓"舍宅为寺"是指信徒将自己的住宅捐献出来，建为佛寺，为世俗士绅名流信教修行、祈求福报的重要手段。"舍宅为寺"之风自东汉始，至南北朝时期达到顶峰，这一中国式的宗教建筑传统对后世的寺院布局产生了极大的本土化影响，对佛教的中国化进程亦居功至伟^③。

① 图片来源：上海交通大学建筑文化遗产保护国际研究中心。

② 周振鹤. 上海历史地图集[M]. 上海：上海人民出版社，1999.

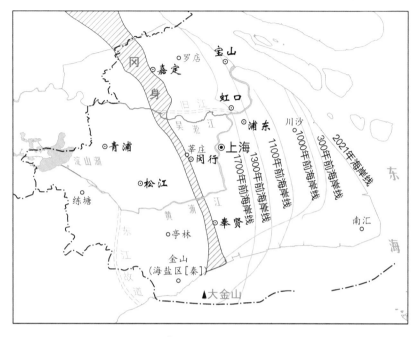

图 1-1-2 上海地区海岸线的变化①

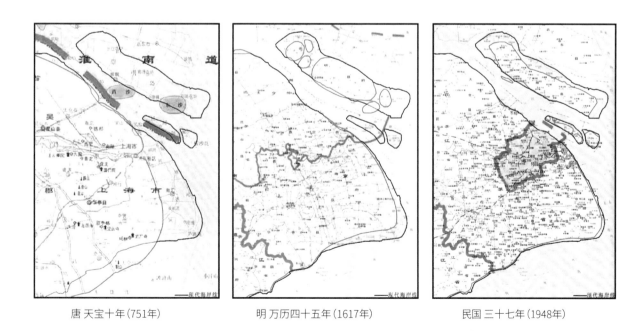

| 唐 天宝十年(751年) | 明 万历四十五年(1617年) | 民国 三十七年(1948年) |

图 1-1-3 上海地区海岸线变迁地图②

图1-1-4　罗店街市繁荣

　　洛阳白马寺便是历史上最早"舍宅而建"的寺院。据《冥祥记》《高僧传》等记载，永平十年（67年），汉明帝遣羽林郎中蔡愔、秦景等赴天竺求法，取经团邀请天竺高僧摄摩腾、竺法兰一道，用白马驮载佛经、佛像同返国都洛阳。汉明帝对二位高僧极为礼重，安排他们在当时负责外交事务的官署"鸿胪寺"暂住。次年诏令于雍门外别建住所，以宾礼对待，保留"鸿胪寺"之"寺"字，为纪念白马驮经，取名"白马寺"。这是中国的第一座佛教寺院，而"寺"字也成为中国寺院的一种泛称。摄摩腾和竺法兰在此译出《四十二章经》，为现存中国第一部汉译佛典。

①

慧皎. 高僧传[M]. 富世平, 校. 北京: 中华书局, 1992.

②

鸠摩罗什是中国佛经翻译史上公认的第一大家。他生于西域龟兹国，7岁时出家，58岁被后秦（384—417年）国君姚兴请为国师。他的译经触及佛教经文的各个方面，也影响了中国的日常汉语。他的译著，大部分成为中国佛教各宗派立宗的经典依据。

③

图片来源：洛阳网。

④

图片来源：百度图片。

在历经战乱，多次重建后，当今现存的白马寺已不是汉代原物，而是明清时期的建筑（图1-1-5、图1-1-6）。然而经过东汉的"大法传来，未有归信"[1]，佛教在中国开始传播，至东晋时期西域高僧鸠摩罗什[2]的译经和说法，佛教在中国的传播迎来第一个高峰期。南北朝时期，随着晋室南渡，佛教广泛流传至中国南方，在南梁（502—557年）最为盛行。来自印度的佛教经过梁武帝萧衍的皇权意志，自上而下推广，实现了中国化的系统更新，进入了前所未有的鼎盛时期（图1-1-7）。

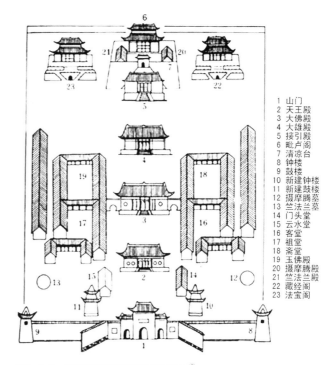

1　山门
2　天王殿
3　大佛殿
4　大雄殿
5　接引殿
6　毗卢阁
7　清凉台
8　钟楼
9　鼓楼
10　新建钟楼
11　新建鼓楼
12　摄摩腾墓
13　竺法兰墓
14　门头堂
15　云水堂
16　客堂
17　祖堂
18　斋堂
19　玉佛殿
20　摄摩腾殿
21　竺法兰殿
22　藏经阁
23　法宝阁

图1-1-5　白马寺现状平面图（部分）[3]

图1-1-6　白马寺现状[4]

图 1-1-7　南朝四百八十寺

第二节　今涌和尚

凭借棉花种植业和棉纺织业的发展与兴起，罗店镇以惊人的速度崛起。至清康熙年间（1662—1722年），罗店已形成"三湾九街十八弄"的规模，聚众益多，居民达五万人，仅商店就达七百来号，乃至"比阁殷富，徽商辏集，贸易之盛，几埒南翔矣"（图1-2-1）。

佛教与世俗生活的联系也日趋紧密，镇上信徒众多，诸多名寺建于闹市之中，其中真武阁四方香客络绎不绝，早晚钟声镗然。清乾隆五十年（1785年），举人范连游罗店时，有《登真武阁》诗云：

不到谈元地，今经二十秋。

浮生闲半日，高阁得重游。

春水一溪乱，晴烟小市浮。

老僧同话旧，莲社几人留。

可见真武阁到了清朝时，已是罗店名胜了。

清道光年间（1821—1850年），唐月轩的后人唐肇伯重修了该寺院，改名为玉皇宫，供佛像于中厅，又供奉道教之神于真武阁，并将唐月轩像供于后阁前西厢房。历经明清两代，罗店寺院达46所之多，其中以东岳庙、玉皇宫最大。

清咸丰十一年（1861年），太平天国将领李秀成率军攻沪，罗店镇上的富户宅第、亭台楼阁、园林寺院皆受到严重破坏，时运造化，天地眷顾，玉皇宫虽遭波及，幸未全毁。

战后的罗店镇，在聚力重建下，逐渐走出战争阴霾。光绪年间，僧人今涌率徒弟念方从临县太仓南广寺来到罗店，住玉皇宫，见房屋颓败，遂多方募化，重修寺宇，希望以佛教的悲悯涤荡战争的戾气，帮助民众脱离苦海（图1-2-2）。

光绪五年（1879年），兴建山门、朝房、后两厢房，光绪十二年（1886年）建大雄宝殿，光绪二十五年（1899年）创建祖堂、塔院，先后历时二十年完成重建，并立石碑以志其事。

其中，大雄宝殿由真武阁改建而成，为二层砖木结构，面阔五间，穿斗式梁架，歇山顶。天王殿为一层砖木结构，面阔三间，歇山顶，殿内左侧竖有石碑。碑长130cm，宽59cm，厚11cm。底座长50cm，宽86cm，厚34cm。石碑中刻有弥勒佛像，额题篆书阴文"接引弥陀"，

图 1-2-1　罗店镇

碑的中部镌有三圣浮雕、势至（左）、弥陀（中）、观音（右）；碑石
右上竖写着："大清光绪二十五年岁在己亥秋月镌修"；碑石左上竖写
着："上报四重恩、下拨三途苦，苦有见闻者、悉发菩提心"；碑文：
"今于光绪五年重建玉皇宫山门、朝房，十二年重修真武阁，二十五年
创建祖堂、塔院，僧今涌率徒念方叩募功缘完成"。

图 1-2-2　**今涌和尚多方化募**

　　新建的玉皇宫供释迦牟尼像，凿阿弥陀佛石像，从此正式成为佛家丛林，但在名号上仍沿用"玉皇宫"。至此，真武阁更名为玉皇宫，实是一座较为完整的佛教寺院（图1-2-3），从此以后，香火甚盛。

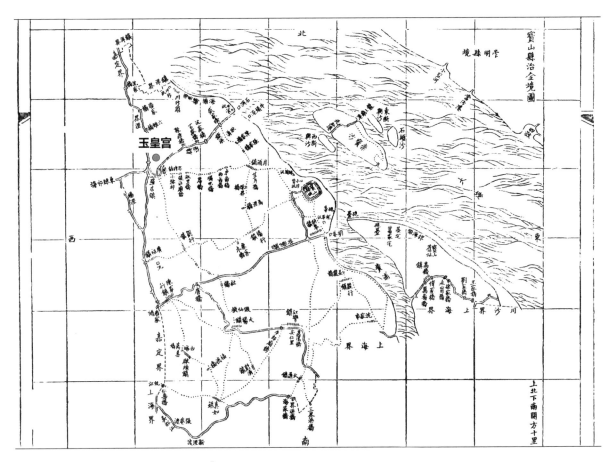

图 1-2-3　宝山县全境图（清光绪十五年）[1]

第三节　涅槃重生

罗店镇作为交通枢纽、军事重地，历经九次大型战事，留下激烈悲壮的岁月史诗。这九次大型战事包括明初倭寇入侵、清末太平天国攻沪之战、民国十二年齐卢军阀之战等，其中，最为惨烈的是抗日战争时期的"八一三"淞沪抗战。

1937年8月13日，日军在小川沙登陆后，直扑罗店（图1-3-1）。8月23日起，每日敌机少则几架，多则十多架，对罗店镇疯狂投掷炸弹、硫磺弹。本有"三湾九街十八弄"之盛的闹市区（图1-3-2），原有房屋12 573间，被毁损12 009间，损失高达95%，成为一片废墟瓦砾。不仅繁荣市肆化为平地，诸多私人花园如塘西街李慎言家、花园弄朱秋樵家也被付之一炬，观澜中学、罗阳小学、勤敏小学全遭毁坏。大小寺

①
《宝山县志》，学海书院光绪壬午春刊。

①

杨纪，詹宝光，余子道. 淞沪抗战史料丛书[M]. 上海：上海科学技术出版社，2017.

②

宋希濂，黄维. 淞沪会战：原国民党将领抗日战争亲历记[M]. 北京：中国文史出版社，2013.

③

中共上海市宝山区罗店镇委员会，上海市宝山区罗店镇人民政府. 罗店镇志[M]. 上海：上海大学出版社，2005.

院、道观、祠堂、教堂亦未能幸免于难，繁华的罗店古镇荡然无存。玉皇宫仅存清光绪十二年（1886年）由真武阁改建的大雄宝殿，以及清光绪二十五年（1899年）创建的祖堂塔院，即天王殿，其余建筑大多圮废。这次拉锯战让罗店镇元气大伤，整个城镇几乎片瓦无存，惟余焦土，惨酷之状，不忍卒睹[1]。

1949年5月13日，中国人民解放军解放罗店。10月1日，中华人民共和国在北京宣告成立，近百年的战乱纷争宣告结束，历经沧桑的罗店镇休养生息、蓄势待发。1949年的冬天，被白雪覆盖的罗店，纤尘不染，距唐月轩舍宅为寺已过去了400余年，罗店地区的祈福法音始终未断，穿越喧嚣和沉寂，抚慰着人们的心灵。

玉皇宫的住持，几代师徒相传，他们牢牢坚守属于佛家的灵魂净土与历史传承使命。自光绪年间今涌立寺后，先后有念方、起壅、缔丰担任住持。缔丰8岁（1917年）进寺，礼起壅为师，至24岁时当家。民国26年（1937），因缔丰往天台山国清寺学教听经，由其师弟维持玉皇宫。1949年中华人民共和国成立后，玉皇宫由慧宇当家。"文革"期间佛像被毁，众僧离散，玉皇宫成为锁厂宿舍，所幸三排房屋俱在，且整个建筑保持清代寺院特色。

十年浩劫后，罗店镇经济快速复苏，1985年就跨越为亿元乡，步入上海市先进行列。百姓感念平安盛世，礼佛之风蔚然复兴，众心期愿重建寺院。

图1-3-1　淞沪会战时期日军攀爬宝山古城墙

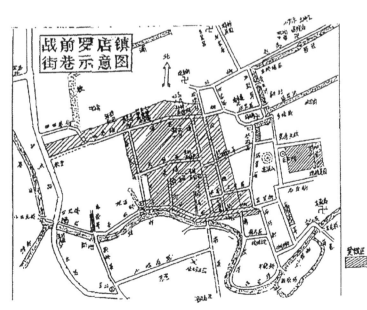

图1-3-2　1937年淞沪战争前罗店镇街巷示意图

1987年，上海开凿新练祁河，直通盛桥宝山钢铁厂，河道经过玉皇宫南门（图1-3-3、图1-3-4）。宝山区宗教部门为落实宗教政策，保护古建筑，经过多方研究商议，于1988年4月，决定恢复这一佛教活动场所，并作为静安寺的下院全面修缮，基地向东扩充到六七亩。由静安寺派遣年逾七旬的从达法师前来主持重修[1]。佛教协会汇集上海能工巧匠，重建山门和西厢房，塑菩萨佛像，造围墙，砌石驳，11月底竣工并将原玉皇宫易名为"梵王宫"。前殿按清代结构做法、后殿按明代结构做法修葺，建筑布置匀称。由大雄殿登上阅经楼，这里是昔日诗人名士相继登楼远眺，与老僧话旧、题词、赋诗之处。1989年1月15日，梵王宫正式对外开放。

时过3年，1992年7月，梵王宫被列为宝山区文物保护单位。1994年9月20日更名为"宝山净寺"，当时的宝山净寺占地面积已扩至十七亩三分，建筑面积达6000平方米，山门为宫殿顶牌楼式门坊，门楣书"宝山净寺"。整座寺院分为三个院落，共有殿堂、僧寮、客房共计一百零五间。进门为一天井，坐落着天王殿，殿内供弥勒佛、韦驮及四大金刚，再进为又一大天井，有铁鼎及燃点香烛大棚，两侧有厢房，为接待室，正北即大雄宝殿（原真武阁），殿供释迦牟尼及文殊菩萨、普贤菩萨，楼上为藏经楼。殿西北于1991年新建塔院，供侨胞寄放寿盒及作为斋室

①
中共上海市宝山区罗店镇委员会，上海市宝山区罗店镇人民政府. 罗店镇志[M]. 上海：上海大学出版社，2005.

②
上海市地方志办公室. 宝山县续志（民国）[M]. 上海：上海古籍出版社，2012.

图 1-3-3　民国时期的罗店镇、练祁河与玉皇宫[2]

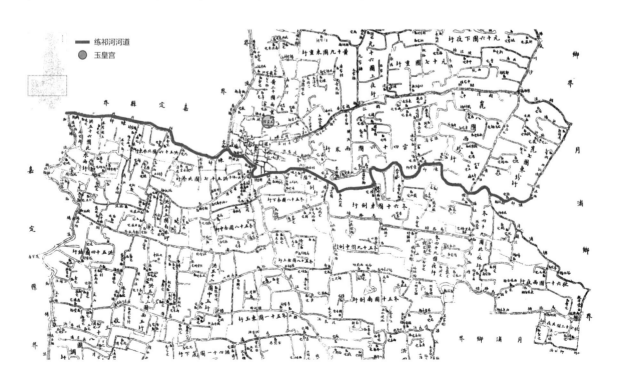

图 1-3-4　民国及现今练祁河河道对比

之用。1995年建成玉佛殿，向缅甸请来玉佛卧像，供于该殿。楼上供奉
毗卢遮那佛，佛周围上下，按八个方位在相隔丈余处，设十面镜子，面
面相对，佛前电灯一开，原本独设于中间的一座金佛，经过镜子的层层
复照化为无数金身，体现了《华严经》中"事事无碍""重重无尽"的
境界。1996年万佛殿落成，底层悬挂了许多描写西方极乐世界的图画故
事，是西方净土宗义。楼上屋顶有三个大圆穹，从顶到下排列着多层铜
佛，每圆穹有三千三百多座佛，故称万佛殿。再西边为1999年新建的圆
通宝殿，系四层大楼（图1-3-5）。

寺内还建有一座三层楼的"上海佛教安养院"，专门供年老体弱的
僧人及老年信徒在这里安度晚年，充分体现了1989年中国佛教协会会
长赵朴初的题词"老有所终，大同理想。报众生恩，扶老为上，如奉父
母，如敬师长。美哉梵宫，不殊安养"的词义（图1-3-6）。

2001年从达法师圆寂。2002年9月，受上海市佛教协会委派，原圆
明讲堂监院世良法师至宝山净寺任住持、寺管会主任。世良法师承先师
明公上人（明旸法师）垂慈，传付临济、曹洞心印，为临济宗第四十二
世、曹洞宗第四十八世法嗣。同年10月，经宝山区宗教办批准，"宝山

①
图片来源：新浪博客。

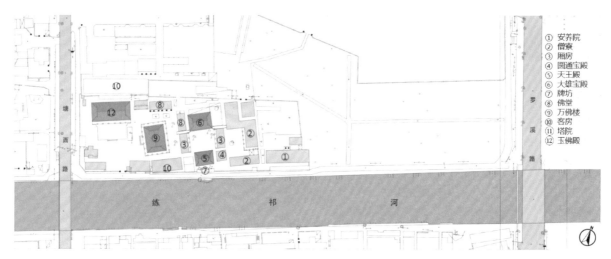

① 安齐院
② 僧寮
③ 厢房
④ 圆通宝殿
⑤ 天王殿
⑥ 大雄宝殿
⑦ 牌坊
⑧ 佛堂
⑨ 万佛楼
⑩ 客房
⑪ 塔院
⑫ 玉佛殿

图1-3-5 宝山寺旧址平面图（1988年重修寺院时期）

（a）

（b）

（c）

（d）

图1-3-6 宝山寺旧址实景

净寺"更名为"宝山寺"。

2003年，时任宝山寺住持的世良法师，在宝山区政协会议上提交了《配合罗店镇开发建设，高品位、人文化地改建宝山寺》的提案：由于旧址空间局限且布局凌乱不整，拟采用中国传统木结构技艺移地重建宝山寺，并说道："木寿千年，中国传统建筑，全木材料，榫卯结构，不用一颗钉子，（使）建筑的寿命更长久；尤其推崇唐代大气恢宏的建筑风格，以图复原中国传统文化在盛唐时的万千风采。"（图1-3-7）。

中国有句成语讲"相由心生"，于人如是，于建筑又何尝不是！1000多年前的唐代，是我国历史上政治、军事、经济、文化均强盛的朝代，此时期我国传统建筑的形制成熟稳定，建筑技术与艺术造型亦进入总结阶段，并为后世建筑技术与艺术发展奠定了基础。建筑的样貌雄浑大气，体现了唐代的国家气质与风度。建筑物上没有纯粹为了装饰而附加的构件，也没有歪曲建筑材料性能使之屈从于装饰要求的现象，屋顶挺括平远，门窗朴实无华，斗栱的结构职能也极其鲜明；在细部处理上，柱子的卷杀、斗栱、昂嘴、耍头、月梁等构件造型的艺术处理都令人感到构件本身的受力状态与形象之间的内在联系，给人以庄重、大方的印象，反映了唐代的审美取向。

冥冥之中，深藏于历史长河的唐代建筑文明从一个古老盛世又重生于一个全新的时代，历经了1000年风雨而幸存于山野之中的唐代木构遗存——山西五台山佛光寺东大殿与宝山寺（新）相逢于这个生机勃勃的新宝山。

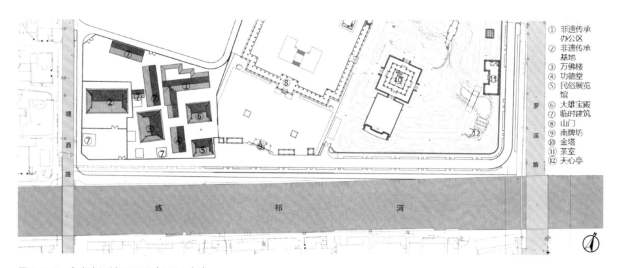

图 1-3-7　宝山寺旧址平面图（2021 年）

第二章　设计的故事

第一节　设计理念

　　中国传统建筑是世界上历史最悠久、风格最统一、特点最鲜明、分布区域最广泛的以木结构为主的建筑体系，记录着中华民族绵长的文明发展史。中国文明自发源孕育，在隋唐时期发展至灿烂盛世；大唐帝国近三百年间，广泛汲取外来文明，兼收并蓄，形成独立而成熟的文明体系，成为当时世界性的文化力量，影响深远。唐代的建筑艺术亦已臻完美，被多数史家学者公认为水平最高、最有价值、最能表现中华传统文化的精神内核；其宏大气度和壮丽景象，集营造、雕塑、绘画于一身的艺术之美，后世几乎难以超越。宋、辽、金又各承唐朝，因时所需，或创新或法定制式，使我们如今依然能从宋、辽、金的遗存建筑中一窥大唐的辉煌。正如梁思成先生所说"唐宋少数遗物在结构上造诣之精，实积千余年之工程经验，所产生之最高美术风格。"[①] 由于后世历代统治阶层及普罗大众对宗教尤其是佛教的信奉与供养，使这些"唐宋少数遗物"以宗教建筑场所的身份避开了战火兵灾，得以保存至今，如五台山佛光寺东大殿（图2-1-1、图2-1-2），南禅寺（图2-1-3、图2-1-4），蓟州独乐寺山门及观音阁（图2-1-5、图2-1-6）等。

　　唐代实行宗教开放政策，佛教被士大夫阶层所接纳，在魏晋汉化的基础上又加入了儒道思想，为佛教增添了新的本土养分。汉化佛教宗派纷起，逐渐完成了这个外来宗教的中国化，汉传佛教步入了全盛时期。

① "唐宋少数遗物在结构上造诣之精，实积千余年之工程经验，所产生之最高美术风格。""唐风既以倔强粗壮见胜，其手法又以柔和精美见长，诚蔚然大观。"见《中国建筑史》，梁思成著。

图2-1-1　山西五台山佛光寺大殿，建于唐大中十一年（857年）[1]

图2-1-2　从乾符经幢附近拍摄的东大殿，建于唐大中十一年（857年）[2]

图2-1-3　五台山南禅寺，建于大唐建中三年（782年）[3]

图2-1-4　五台山南禅寺大殿[4]

①

图片来源：百度图片。

②

梁思成. 中国建筑史[M]. 天津：百花文艺出版社，2007.

③④

图片来源：微信公众号"星球研究所"。

图2-1-5　蓟州独乐寺山门，建于辽统和二年（984年）[1]

图2-1-6　蓟州独乐寺观音阁，建于辽统和二年（984年）[2]

①②

图片来源：新浪微博号"莎萝蔓蛇"。

③

道宣律师（596—667年），释道宣，俗姓钱，字法遍，原籍吴兴长城（今浙江长兴）人，一作丹徒人，自称吴兴人（《释迦方志》），生于京兆长安。唐代僧人。佛教南山律宗开山之祖，集律宗之大成，又称"南山律师""律祖"。

④

《周礼·考工记·匠人营国》：周人明堂，度九尺之筵，东西九筵，南北七筵，堂崇一筵，五室，凡室二筵。室中度以几，堂上度以筵，宫中度以寻，野度以步，涂度以轨，庙门容大扃七个，闱门容小扃三个，路门不容乘车之五个，应门二彻三个。

⑤

孙大章. 中国佛教建筑史[M]. 北京：中国建筑工业出版社，2017.

唐代佛教的中国化也表现在佛寺建筑的布局上，可以说中国廊院式的佛寺在唐代渐趋成熟。佛寺由单组建筑群向多组建筑群发展，每院皆有廊庑围绕，独立成院。目前虽然没有发现唐代完整廊院式寺院的实例遗存，但是在很多文献中对廊院制寺院均有所描述，唐代律宗大师——道宣律师[3]撰写的《关中创立戒坛图经》及《中天竺舍卫国祇洹寺图经》有较详尽的记载。两书描写的寺院布局基本类似，按图经的文字记载，寺院布局规整有序，有南北向中轴线，核心是中院，院内布置佛殿、佛塔、佛阁、戒坛、经堂等主体建筑，周围被廊庑所环绕，其他各院皆按中轴关系布置在两旁（图2-1-7、图2-1-8）。

显然，此时的佛教寺院已受到中原文明的礼制文化影响，主轴线南北朝向，功能用房依先后顺序展开，廊庑的围合空间无一不体现出皇家宫殿的影子[4]。而受到希腊艺术影响兴起的雕塑佛像供奉之风亦从石窟中搬入了高大的木结构营造的建筑之内，寺院成为佛祖的常驻之所；神佛从西天净土的往生世界，隐于东方文明所重视的现世生活之中。

"到了唐中期，随着禅宗教派的兴起，逐渐形成了纵轴式寺院布局。唐中期禅宗与真言宗成为国内影响最大的两个教派。禅宗是印度佛教传入中国后，在中国独立发展的三个本土宗派之一（天台宗、华严宗、禅宗），以禅宗最具有东方特有的元素。禅宗的兴起使中国佛教及佛教寺院彻底中国化，并形成后来汉地佛教寺院的基本面貌。"[5]

此时以塔为中心的寺院布局方式（图2-1-9）已被以殿堂为中心的布局方式（图2-1-10）所取代，寺院成为最能体现中国传统礼制的代表。

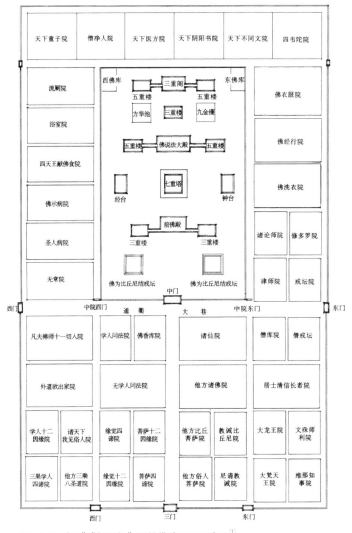

①

傅熹年. 中国古代建筑史. 第二卷. 两晋、南北朝、隋唐、五代建筑 [M]. 北京：中国建筑工业出版社，2001.

图2-1-7　据《戒坛图经》所绘佛院平面示意图①

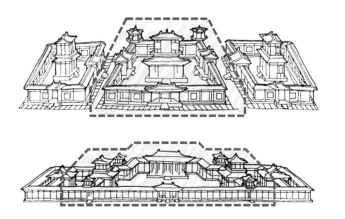

图2-1-8　敦煌壁画所示廊院式佛寺

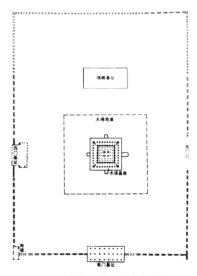

图2-1-9 河南洛阳北魏永宁寺遗址平面图[1]

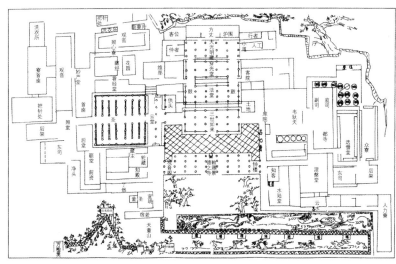

图2-1-10 浙江宁波天童寺宋代平面布局[2]

依照"禅门规式",禅寺中安排了众僧有序的生活环境,中轴上建山门、佛殿、法堂;东侧建有库院(包括香积厨)、浴室;西侧建有僧堂、西净(厕所)等禅修生活建筑,即后世所总结的七堂伽蓝之制[3];禅寺成为一种新型的寺院模式。

唐代的建筑、园林成就辉煌,对东亚国家的影响尤其深远,传入日本后,日本飞鸟、奈良时期的建筑皆富有浓郁的唐风,其中最著名的是唐代高僧鉴真和尚(687—763年)东渡日本后建造的唐招提寺,是唐代中日文化交流的实物见证。而梁思成先生在生前进行的最后一项建筑设计实践,也与大唐文化有着深刻联系——扬州大明寺鉴真和尚纪念堂。梁思成曾说:"**研究中国建筑史的学子没有不知道日本奈良唐招提寺和鉴真大和尚的。**"

唐招提寺金堂是以唐开元、天宝时期中国佛殿为蓝本建造的,在总体风格上和中国现存的唐代佛光寺大殿极为相似(1937年,梁先生携林徽因先生共同发现了五台山的佛光寺东大殿,奠定了他们在中国文化遗产保护研究领域的地位(图2-1-11))。在扬州大明寺鉴真纪念堂的设计中(图2-1-12),由于基地面积不够开阔,不足以支撑类似佛光寺的体量,加之经济上的考量,梁思成先生将面阔七间、进深四间的金堂,减缩为面阔五间、进深三间的纪念堂。[4]

尽管如此,我们依然可以从纪念堂的细节中体会到梁先生的良苦用心,希望用他化腐朽为神奇的双手让盛唐文明穿越时空,通过建筑重新展现在我们眼前!

① 孙大章. 中国佛教建筑史[M]. 北京:中国建筑工业出版社, 2017.

② 张十庆. 五山十刹图与南宋江南禅寺[M]. 南京:东南大学出版社, 2000.

③ 在《佛教大辞典》中,七堂伽蓝为禅宗所谓具备七种主要建筑的寺院。沿中轴线为山门、佛殿、法堂,左侧为浴室、库院,右侧为西净、僧堂。七者,完整之义。象征于佛面,分为顶、鼻、口、两眼、两耳等七部分;象征于人体,则为头、心阴和上下四肢等七部分。

④ 梁思成《扬州鉴真大和尚纪念堂设计方案》。

图2-1-11　梁思成与林徽因

图2-1-12　扬州大明寺鉴真纪念堂^①

①
图片来源：扬州大明寺官方网站。

①
世良法师于 2003 年 3 月的两会提案中
的规划要点：1. 分段实施、整体改建
宝山寺，将宝山寺建成符合佛教教制规
范，同时满足现代信众信仰需求的唐风
寺院。2. 在条件允许的情况下，将整个
寺院往北退后 20 m 左右，建设一个沿
河绿化带，与练祁河对岸的罗店老镇步
行街及河滨大道形成整体的古建筑旅游
区域和休闲活动区域。

②
佛光寺大殿位于山西省五台县东北，
建于唐大中十一年（857年）（仅晚于
南禅寺大殿），面阔七间、进深四间，
为中国现存规模最大的唐代木构建筑，
被建筑学家梁思成誉为"中国建筑第一
瑰宝"。

这些冥冥之中的因缘深深地感召着宝山寺的重建团队，希望将多年对中国传统建筑尤其是唐宋建筑和佛教艺术的研究成果发挥其中，在现代社会中寻回我们"民族的建筑历史和文化精神"，并将之再现于世，将宝山寺建设成一座中华文化的大观园，为中外各界人士提供加强文化交流的机会，更为建筑遗产的学术研究创造有利条件。

2004年岁末，在原构总建筑师唐女士的组织下，业主方代表及原构的设计团队根据世良法师的提案（图2-1-13）①及俞宗翘先生以香港志莲净苑为蓝本的一期总平面构思草图（图2-1-14），讨论了首期移建范围（20亩用地）与未来二期、三期（最终约50亩用地）的总体规划设计、分期建设的项目实施计划，并重点讨论了如何参照梁思成先生测绘过的佛光寺东大殿②实例及宋代《营造法式》作为设计指导原则。

相较于对中国古代哲学与文化的研究而言，历代中国学者及士大夫阶层对于中国古代建筑历史与理论的研究大为逊色，而且多有鄙夷之

图2-1-13　世良法师提案示意图

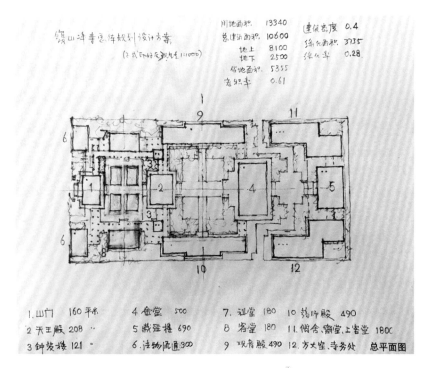

①
俞宗翘. 情系伽楠：俞宗翘佛寺设计手稿 [M]. 北京：中国建筑工业出版社，2013.

图2-1-14　宝山净寺一期总平面构思草图，俞宗翘先生手绘①

嫌，盖匠人之学不可登大堂者也。直至近代，在帝国主义列强对中国的文化遗产大肆掠夺并充当文化艺术保护者和研究者的强盗嘴脸刺激下，1930年，前北洋重臣朱启钤先生创办了中国营造学社，后续在梁思成、刘敦桢、林徽因等学者的加入与主持下，通过大量的实地测绘与考察，终得以成功翻译北宋《营造法式》与清工部《工程做法》两部中国古代仅存的完整建筑术书，并写下《中国建筑史》《清式营造则例》《中国雕塑史》等专业著述，终使得独秀于世界建筑之林的中国古典建筑体系为世人所周知，并成为今日的显学登入大雅之堂。

　　有鉴于此，在研究并实地考察了中国现存的佛光寺、南禅寺、五龙庙，以及参考了中国香港的志莲净苑和日本唐招提寺等仿唐风建筑后，团队提出了总体规划设想：以中国仅存的唐代建筑实物之一山西五台山佛光寺东大殿为蓝本，同时参照北宋《营造法式》为细部构造则例；以非洲红花梨纯木为材，采用传统榫卯构造技术，精雕细凿，将新宝山寺建成一座符合佛教"伽蓝七堂制"规范的仿唐木构建筑群。

　　至此，长达20年的宝山寺移地重建工程规划设计、营造建设正式开始。

第二节　总体规划概述

东汉初年，佛教从印度经西域传入东土，于魏晋时期长足发展、至隋唐而兴盛，不仅完成了其自身教义的本土化进程，而且最终依托中国传统的礼法、艺术、文化、科技甚至风水的人文思想土壤，在物理环境的建筑层面也完成了其本土化的再生。始建于唐开元年间的山西大同善化寺正是这一本土化进程的佐证与代表（完整的唐代寺院建筑已无实物，但辽金时期遗存的善化寺建筑的布局及院落组合关系较好地保留了唐代寺院的格局）。

大同古城内的善化寺（辽金时期为大善思寺，明代改称善化寺）为中国辽金古建筑群成规模保存较好者，在建筑形制的继承上，辽相较于北宋，更多地继承了唐代的形制，与原汁原味的唐代风格更为接近，对研究唐代宗教建筑具有更本源的意义。善化寺依中轴线将山门、三圣殿、大雄宝殿渐次展开，围以廊庑，文殊、普贤二阁侧立在第二进院落的大雄宝殿之前；三殿均为单檐庑殿顶，各殿主要通过开间数量与尺度的不同，体现建筑的主次，远观整体气势恢宏，近观雄健的唐风建筑气派彰显无遗。这种以殿为中心的布局方式，取代了以塔为中心、以高阁为中心的前朝模式，一直影响到明、清，直至近代。（图2-2-1～图2-2-3）

宝山寺项目启动之初，政府部门仅划拨20亩用地（一期），此阶段主要规划礼佛区的主体建筑（天王殿、钟鼓楼、大雄殿、观音殿、药师殿、藏经楼、佛堂、僧寮等单体建筑（图2-2-4）），其他功能区及建筑待后续详细规划。二期用地16亩，建有南牌坊、南广场、山门、廊庑、放生池、僧寮（北）等，其中除僧寮为地上3层、地下1层的混凝土建筑外，其他单体均为1层纯木结构建筑。三期建设用地30亩，用地呈三角形，用于建设宝山寺祇园，园内主要建有金塔、松涛轩、佛香阁等建筑（图2-2-5）。

宝山寺重建工程计二十载陆续建设而成（图2-2-6），总建筑面积约12 000 m²。整座寺院坐北朝南，以纵深递进的院落组合及中国建筑典型的廊院形式，形成中轴对称的礼制格局，集大成地展现中国传统文化儒（礼制）、释（人生之法）、道（自然之法）的三教合一之圆融之景（图2-2-7）。中轴线上设置主要殿堂，呈纵深向扩展，层次分明，布局严谨。各单体之间均有廊庑连通，形成大小不一的四进院落，南低北高渐次展开，既尊崇礼制之秩序，又符规于丛林清修之法。山门、天王殿、大雄殿前方集中设置大面积的石材硬质铺装，以纳信众礼佛使用。

①②
梁思成.《图像中国建筑史》手绘图[M].
北京：新星出版社，2017.

③
图片来源：新浪微博号"莎萝蔓蛇"。

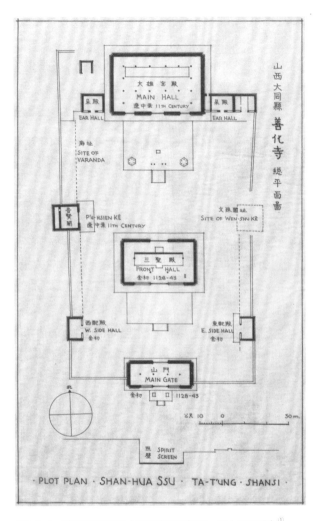

图2-2-1 善化寺平面图（建于唐开元年间，辽中期重建）

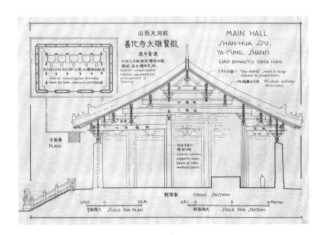

图2-2-2 善化寺大雄宝殿平面图

图2-2-3 善化寺实景

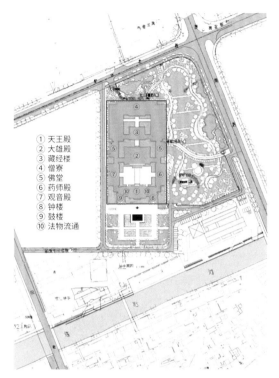

① 天王殿
② 大雄殿
③ 藏经楼
④ 僧寮
⑤ 佛堂
⑥ 药师殿
⑦ 观音殿
⑧ 钟楼
⑨ 鼓楼
⑩ 法物流通

图2-2-4 一期报规总平面图（红线框内为一期用地20亩）

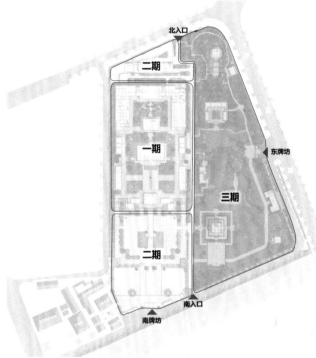

图2-2-5 分期示意图

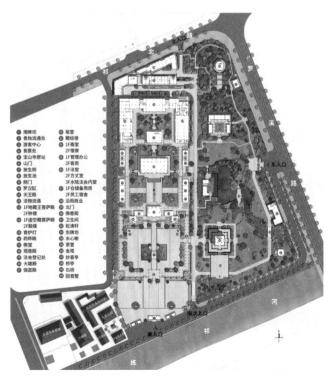

图2-2-6 实施平面图

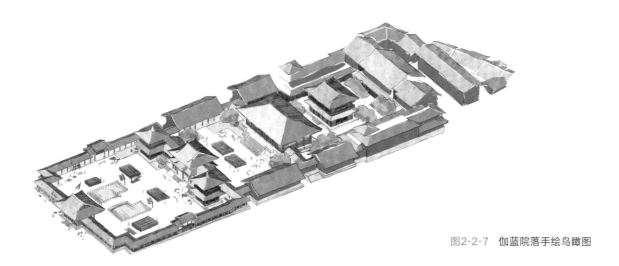

图2-2-7　伽蓝院落手绘鸟瞰图

　　建成后的宝山寺总体平面布局，结合唐晚期寺院布局方式，南北主轴线与置于东侧的金塔和佛香阁组成的次轴线，塑造了庄严与逸趣的不同氛围，达成了伽蓝禅修空间与唐风禅意园林的完美结合。（图2-2-8～图2-2-16）

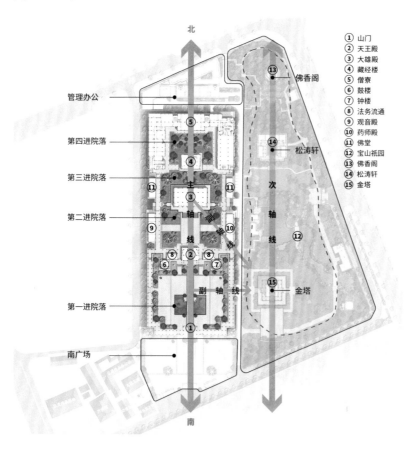

① 山门
② 天王殿
③ 大雄殿
④ 藏经楼
⑤ 僧寮
⑥ 鼓楼
⑦ 钟楼
⑧ 法务流通
⑨ 观音殿
⑩ 药师殿
⑪ 佛堂
⑫ 宝山祇园
⑬ 佛香阁
⑭ 松涛轩
⑮ 金塔

图2-2-8　四进院落

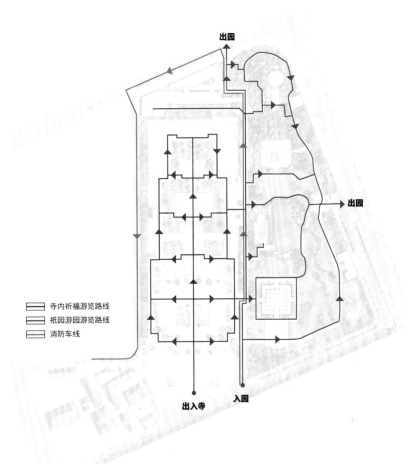

寺内祈福游览路线
祇园游园游览路线
消防车线

出园

出园

出入寺　入园

图2-2-9　交通流线

图2-2-10　伽蓝院落、祇园西立面图

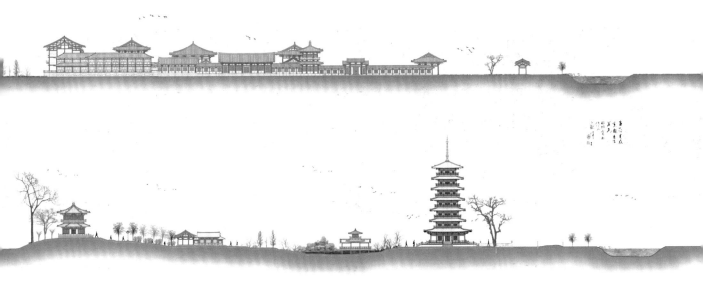

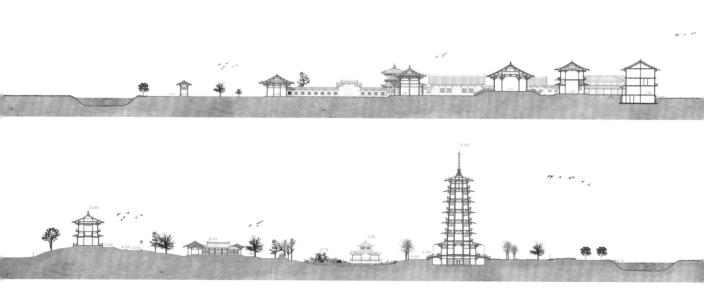

图2-2-11 伽蓝院落、祇园剖面图

图2-2-12 宝山寺大雄殿实景图

图2-2-13　东向视角实景鸟瞰

图2-2-14　西北向视角实景鸟瞰

图2-2-15　金塔视角实景鸟瞰

图2-2-16　从金塔俯瞰祇园

第三节　院落及主要单体建筑设计

众所周知，中国的传统建筑是以群体组合方式呈现的，鲜见有单体的房舍独建于世；大至皇家的宫殿私苑，小至民居宅院，皆有其围合之一方天地，此种组合方式可视为中国人之宇宙观的具体物化体现。故我们谈论一座单体建筑的设计，绝不可脱离其所在的群体关系。

一个建筑群中，或者一个城市中，总有一处或一组建筑最为重要，其他建筑皆以此为中心，按照规制合宜搭配布局建设。那么何为"合宜"？

所谓"合宜"，即是在选定基地、功能布局、设计图样、计划物料、施工建造等方面均符合当时的社会风俗、礼法、制度、经济技术要求，并能在具体的风格或样式上对大众或精英阶层的审美取向有所适应。也就是在经济技术的前提下，保障安全及追求美观。

在宝山寺的营建过程中，有以下几处单体建筑在其所处的院落或总体建筑群中发挥了无可替代的重要作用，它们分别是：山门、天王殿及钟鼓楼、大雄殿、藏经楼、僧寮等，而这些重要建筑均以廊庑相连接，形成有序的院落空间（图2-3-1～图2-3-6）。

图2-3-1　宝山寺山门

图2-3-2　天王殿及钟鼓楼

图2-3-3　大雄殿

图2-3-4　藏经楼

图2-3-5　僧寮

图2-3-6　围合院落的廊庑

一、山门

山门又称三门[①]，是用于区隔人间"俗世凡尘"与佛教"琉璃净土"的标志。早期寺院多建于山林，所以称其主入口为"山门"，"三"和"山"谐音，故也称"三门"。

各个寺院的山门样式、形态、尺度各不相同，就屋顶形式而言，山门多采用硬山顶（图2-3-7）、悬山顶（图2-3-8）、歇山顶（图2-3-9）三种屋顶形式。其中歇山顶形态较其他屋顶形式优美，兼具美观和传统建筑规制的双重优势，在中国传统木结构建筑中被广泛采用。

图2-3-7　硬山顶　　　　　　图2-3-8　悬山顶　　　　　　

图2-3-9　歇山顶

宝山寺山门便是采用歇山样式的屋顶，在双杪双下昂斗栱层层悬挑的帮助下，屋檐伸出得更加深远（从柱中到檐口挑出达4m），面阔和进深都为三开间，近似方形平面的屋面显得极其舒展，屋角微微起翘，如鲲鹏展翅的形象，屋脊在两端高起，中间微凹，形成优美的曲线，最高处屋脊两头不用鸱尾[②]装饰，替换为鬼面砖进行装饰，在等级上做降级处理，凸显山顶与大殿的主次和尊卑之差。山门屋身立面参照南禅寺大殿[③]设计，当心间装设板门，两次间设直棂窗，不同之处在于南禅寺大殿窗下使用青砖砌成墙体（图2-3-10），而宝山寺则是通体采用木材为原料，使得建筑立面浑然一体，和谐统一（图2-3-11~图2-3-13）。

山门内部未做过多装饰，仅在六椽明栿与草栿之间采用纵、横木枋，架设成方格形的天花骨干，各个方格之间采用整块素面方木板覆盖，形成完整的天花系统，此种方格天花称为"平闇"（图2-3-14）。建筑内部空间即被平闇划分为上下两部分，上部的坡屋面下梁架制作相对朴实，不做精工，因此称为"草架"，下部即为做工精细、装饰精美的露明部分。

---

① 《敕修百丈清规》卷一〈圣节〉曰："启建之先一日，堂司备榜，张于三门之右，及上殿经单俱用黄纸书之。"卷六〈日用轨范〉曰："食罢出寮，不得出三门。"一般出家人修行，以寺院内为界限，僧侣没有特殊情况，不能离开寺院。

② 唐代苏鹗写的《苏氏演义》中提到："蚩（chī）者，海兽也。汉武帝作柏梁殿，有上疏者云：蚩尾，水之精，辟火灾，可置之堂殿。今人多作鸱字。"

③ 南禅寺大殿位于山西省五台山县城西南，重建于唐建中三年（782年），大殿面阔、进深各三间，是我国最早的木结构建筑。1961年被中华人民共和国国务院公布为第一批全国重点文物保护单位。

图2-3-10 南禅寺大殿

图2-3-11 宝山寺山门实景图

①
早在西汉《淮南子·说林训》中就有了关于柱础的记载："山云蒸、柱础润。"它是建筑的一个基本石质部件，是中国传统木制建筑中柱梁结构的承重石，其主要功能是为了将柱身重量集中加载于地下较大面积上，减轻柱子本身负重的同时兼起防潮作用。

图2-3-12　山门俯视BIM轴测图

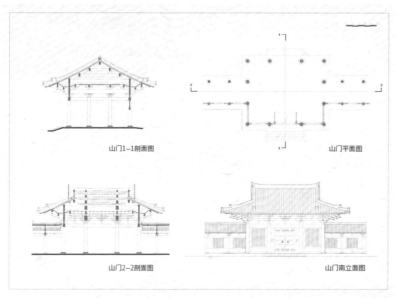

山门1-1剖面图　　　　山门平面图

山门2-2剖面图　　　　山门南立面图

图2-3-13　山门平、立、剖面图

　　山门两侧有廊庑，形制等级较山门要低，从台基和柱础便可以清楚地看出两者的差别。山门的台基采用五级台阶，两侧廊庑采用三级台阶，通过台基的不同"高度"及台阶的不同"级数"体现建筑的等级。柱础也是如此，重要的建筑多使用装饰性较高的柱础，稍低等级的建筑柱础则相对简单，山门采用莲瓣柱础①（图2-3-15），廊庑采用素面柱础（图2-3-16），由此也可以直接体现两者建筑等级的高低。

　　山门除建筑本身外，还有一特别之处值得关注，即位于门上方阑额与屋檐之间横向悬挂黑底金字的匾额（图2-3-17），中书"寶山寺"名，

❶ 图2-3-14　山门平闇
❷ 图2-3-15　宝山寺山门莲瓣柱础
❸ 图2-3-16　廊庑素面柱础
❹ 图2-3-17　宝山寺匾额

右上书年月——"庚寅六月"，左下书落款——"世良敬書"，此匾额为世良法师为庆祝建筑落成所题，文字笔法有力，结体严谨，确是值得驻足观瞻的书法作品。

山门以南为宽阔的礼仪广场，地面全部采用石材铺装，香火不得入内，特在广场上设置专为香客礼佛焚香的香炉数座（图2-3-18），以保障内院木结构建筑的安全。广场周圈围墙皆为通透样式，仅在南面沿着练祁河的部位建有牌楼式的院门，出得院门，便是隔练祁河相望的罗店老街，呈现出一片祥和的世俗烟火。

图2-3-18　宝山寺山门前广场俯瞰实景图

二、第一进院落及天王殿与钟鼓楼

穿过山门便是宝山寺的第一进院落（图2-3-19～图2-3-25），院落之北即为本院落的重点建筑——天王殿与钟鼓楼。院落两侧的廊庑联系中轴线北端的天王殿（殿两侧有钟楼和鼓楼）和南端的山门，围合形成方正的庭院空间（图2-3-26～图2-3-28）。院内可容纳上千人在此集会，地面用灰白色花岗岩石板铺贴而成，仅在建筑檐下种植有四季常青花木点缀庭院。院子中间设有四边形水池一座，池中种植有莲荷，饲养金鱼、锦鲤百尾，荷花盛开季节，鱼儿悠游其间，确是一幅令人愉悦的动态画卷，观赏可得雅趣，方池亦有雅名——"莲池"（图2-3-29、图2-3-30）。池上架平缓的拱桥一座，将莲池从中一分为二，连通两侧水岸，通过此桥顿觉远离喧嚣，更近佛国（图2-3-31）。

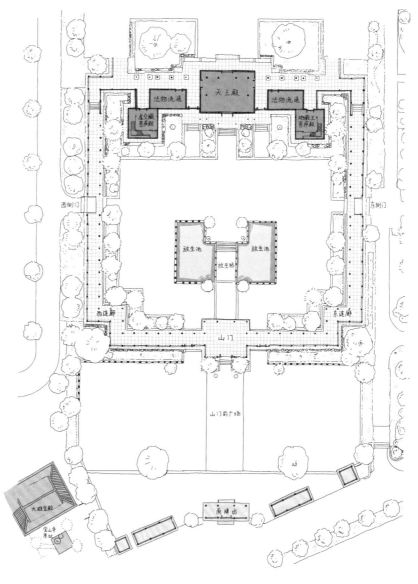

图2-3-19　第一进院落及南广场平面图

图2-3-20　放生桥与金塔

图2-3-21　天王殿正立面

图2-3-22 站在放生桥上看钟楼

图2-3-23　经幢与天王殿

图2-3-24 第三进院落

图2-3-25 第一进院落BIM全屋顶轴测图

图2-3-26 第一进院落实景鸟瞰

图2-3-27 步入第一进院落

图2-3-28 在廊下看第一进院落

图2-3-29 莲花池

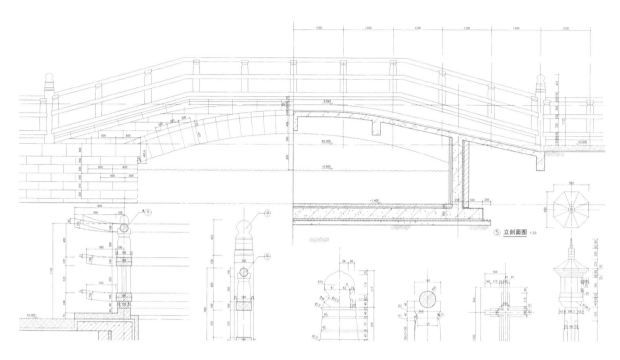

图2-3-30　莲花池节点详图

图2-3-31　桥前的天王殿及钟鼓楼

　　钟楼与鼓楼之南各放置了一口水缸，名曰"罗汉缸"，因缸外侧雕刻有精美的十八罗汉浮雕图案而得名（图2-3-32）。一对唐风陀罗尼经幢立于天王殿左、右侧前方，东面经幢刻有"净除一切恶道佛顶尊胜陀罗尼经"，西面经幢则刻有"一切如来心秘密全身舍利宝箧印陀罗尼经"（图2-3-33）。站在中轴线上，微风沐面，感知着佛教传入我国近两千年的时光中，落地生根，不断汲取儒道文化，并与儒道文化相互影响的痕迹。佛教建筑受到礼制建筑的影响，"南面为尊"和"中轴对称"在其建筑布局中是常用的手法，此院落便是依此设计，后续各进院落皆延续此法进行空间营造。

图2-3-32　罗汉缸

图2-3-33 **左右经幢**

天王殿的建筑功能属于门殿，所谓"门殿"，简单说来，就是殿的造型，门的功能（如若寺院不设山门，则用天王殿代山门）；"天王殿"因殿内供有四大天王而得名，有护卫寺院之意。在辽宋之前，佛寺规模繁盛，一寺之内，分为若干"院"以方便管理，"寺院"一词正是因此而来。天王殿的设置与否和寺院规模有关，有的规模极小的寺院，建筑有限，供奉佛、菩萨相对较少，便不设天王殿，除此以外大多数寺院均有设置。

寺院的天王殿多在大雄宝殿之前，其建筑大多较为庄严，但建筑高度、规格不能超过主殿（大雄宝殿），因此天王殿的屋顶多采用歇山顶（图2-3-34），而不采用等级较高的庑殿顶。

钟鼓楼是中国传统建筑类型之一，属于钟楼和鼓楼的合称，大约于秦汉以后出现，属于报时及警备瞭望的建筑。到了唐代，除了宫殿，城市也出现了钟楼、鼓楼这样的建筑，当时被称为角楼（图2-3-35）。唐代佛教在上层社会的传播极为广泛，皇家与佛结缘，官宦也热衷佛学，一时间兴修寺院，舍宅为寺，供养佛、菩萨之风盛行；宫殿中的钟楼、鼓楼便自然而然地在寺院中出现并被使用。李白在《化城寺大钟铭并序》中写道："天以震雷鼓群动，佛以鸿钟惊大梦"，可见当时钟、鼓在佛寺中的使用已经极为广泛。

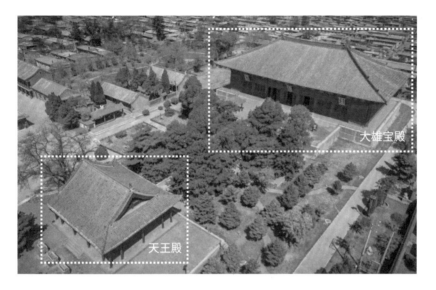

①
图片来源：人民网。

图2-3-34　辽宁锦州奉国寺

图2-3-35　平遥古城角楼

　　钟鼓楼的布局位置，从遗留下的古代寺院可以看到多数都以左钟右鼓对称的方式布置，并结合僧侣作息安排撞钟或是敲鼓，一般为早上先撞钟后接鼓，晚上先敲鼓后接钟，此是"晨钟暮鼓"说法的由来。

　　至于钟鼓楼的建筑等级，因其多布置在轴线两侧，故等级多低于中轴线上建筑，而更注重其装饰性或点缀效果。钟鼓楼的主要功用是传播钟音鼓声，所以钟鼓楼一向以楼阁的形式出现，多为两层（也有一层和更多层数），一层供奉佛像或做其他用途，二层位置才是与钟鼓楼名称相一致的功用所在。（图2-3-36、图2-3-37）

①
图片来源：山西大同华严寺官方网站。

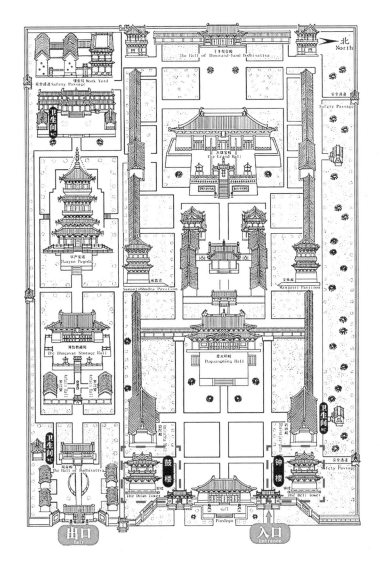

图2-3-36　山西大同华严寺（钟楼、鼓楼相对）①

图2-3-37　敦煌壁画中的钟鼓楼建筑（莫高窟第237窟）

宝山寺天王殿和钟鼓楼的组合方式参照大明宫含元殿考古资料及复原方案进行设计（图2-3-38、图2-3-39），去除左右向前伸出的廊道及最前端的阙楼，取重檐主殿、两侧两层高的楼阁式钟鼓楼及起连接作用的飞廊作为原型，将含元殿主殿高等级的重檐庑殿顶调整为重檐歇山顶以适合天王殿在本项目中的建筑等级，并将原主殿十三间的面宽、六间进深尺度调整到适合场地建筑尺度——面阔三间、进深两间，外加周圈副阶（图2-3-40、图2-3-41）（"副阶"是《营造法式》对于廊庑的叫法，此处副阶在后续方案中，东、西、北三面被门、窗、墙围合，仅留南面敞开），在南当心间位置两柱向外突出，做出扩大的空间，屋顶使用"微缩"的歇山顶（图2-3-42），标志与其他各处的不同。将含元殿两侧楼阁的重檐歇山顶调整为重檐攒尖顶样式，适宜钟鼓楼在轴线两侧建筑强调点缀性、装饰性的特点，楼阁上下层面宽、进深皆为三开间，平面呈方形，一层屋檐以上为平坐（图2-3-43），周圈有斗栱向外挑出，承托二层楼板，临空位置做出精美的寻杖栏杆（图2-3-44）。

天王殿与钟鼓楼并非孤立存在，而是采用了与大明宫含元殿相同的做法——用廊庑连接各个建筑（图2-3-44、图2-3-45），廊庑向第二进院的大雄殿一侧（内侧）敞开，而向山门一侧（外侧）用门窗、板墙封闭，体现了唐代建筑围合空间的内与外的划分，也体现了中国传统建筑群内向型的特征。

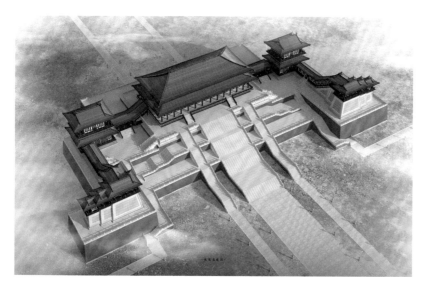

图2-3-38　大明宫含元殿复原方案图

图2-3-39 宝山寺天王殿及钟鼓楼
布局与大明宫含元殿的对比图

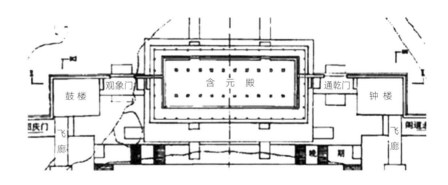

图2-3-40 大明宫含元殿周圈副阶

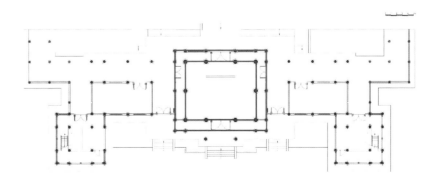

图2-3-41 宝山寺天王殿周圈副阶

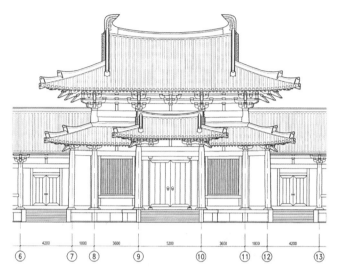

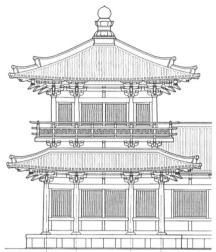

图2-3-42　宝山寺天王殿

图2-3-43　钟鼓楼平坐层与寻杖栏杆

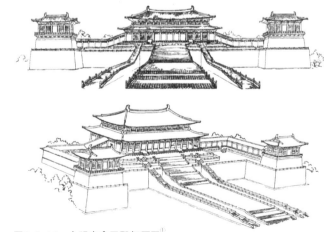

图2-3-44　大明宫含元殿复原图①

①

刘敦桢.中国古代建筑史[M].北京：中国建筑工业
出版社，1984.

图2-3-45 宝山寺天王殿廊庑

天王殿和钟鼓楼立面做法与大雄殿相一致，也是台基、屋身、屋顶"三段式"做法，台基较大殿低矮，无需栏杆，同样为灰白色石材砌成，天王殿和钟鼓楼台基为同一水平面，未做高差变化，通过建筑自身的高、宽体量及位置显示其主次关系；主体采用非洲红花梨木制成，一层檐口以下水平方向通长为本色调的深棕色木材连成一体的屋身，在天王殿当心一间以及紧邻天王殿位置的廊道处装有板门，其余各间均装设直棂窗（图2-3-46），通过门、窗的排列也可以看出建筑的主次。天王殿二层相对独立，极为舒展，左右钟鼓楼相对高耸，屋身仍为木材制作，装有直棂窗，颜色为深棕色调。

天王殿采用"寝殿式"形制，重檐歇山屋顶，正面出抱厦。上檐斗栱为七铺作双杪双下昂，一等材；下檐为五铺作单杪单下昂，三等材。柱均有升起，外槽檐柱有侧脚。钟鼓楼采用楼阁式，钟楼一层供奉地藏王菩萨，二层悬挂铜钟（图2-3-47）；鼓楼一层则供奉虚空藏菩萨，二层安放法鼓（图2-3-48）。钟、鼓皆置于楼内二层高位，以期法音远传。斗栱上檐六铺作单杪双下昂，平坐四铺作单杪，下檐五铺作单杪单下昂。钟鼓楼特别之处在于屋顶最高处使用青石材质的宝顶作为屋顶终结，上部装饰有莲花纹样（图2-3-49~图2-3-51）。

图2-3-47　铜钟

图2-3-46　宝山寺天王殿

图2-3-48　法鼓

图2-3-49　钟楼宝顶

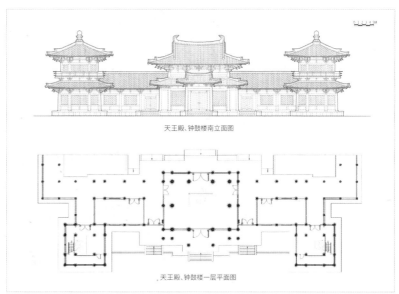

天王殿、钟鼓楼南立面图

天王殿、钟鼓楼一层平面图

图2-3-50　天王殿、钟鼓楼南立面
图及一层平面图

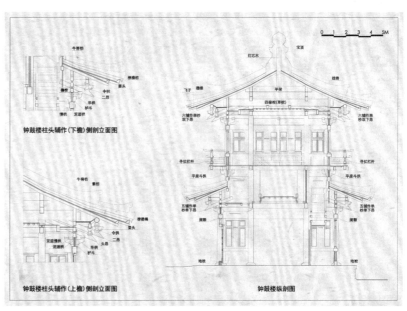

钟鼓楼柱头辅作（下檐）侧剖立面图

钟鼓楼柱头辅作（上檐）侧剖立面图

钟鼓楼纵剖图

图2-3-51　钟鼓楼柱头辅作侧剖立
面图及纵剖图

三、第二进院落与大雄殿

　　第二进院落等级最高、最为庄严，院落四周围以建筑，其中的主角
无疑是中轴线上位于天王殿以北的大雄殿。东厢设置药师殿，殿内供奉
消灾延寿药师佛，南北两侧为小型佛堂。西厢设置观音殿，殿内供奉水
月观音，南侧为小型佛堂，北侧为客堂，用于接待僧俗、法会登记，是
对外交流办事之处。（图2-3-52～图2-3-59）

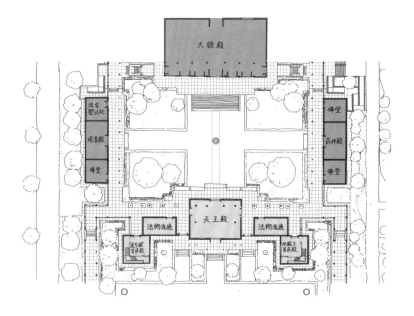

图2-3-52 第二进院落平面图

你看这单檐庑殿顶、直棂窗、硕大的斗栱，都是唐代建筑的典型特征。

大雄殿，是以唐代木构遗存——五台山佛光寺东大殿为蓝本进行设计的。

图2-3-53 宝山寺大雄殿

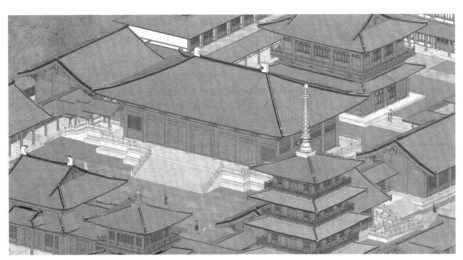

图2-3-54　大雄殿BIM轴测图

图2-3-55　第二进院落实景半鸟瞰

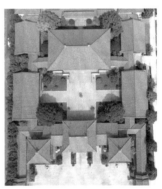

图2-3-56　第二进院落实景俯瞰

图2-3-57　从第一进院落起始的中轴线示意图

图2-3-58　从东北视角看第二进院落

图2-3-59　从钟楼二楼看第二进院落

　　各殿之间均运用廊庑衔接（图2-3-60、图2-3-61），以保院落围合紧密、交通方便，也框出了一方世外"天地"。开阔的庭院，四角辟为绿地，种植桂花、香樟、罗汉松等树木，中央院场皆铺灰色花岗岩石板，石板长边垂直于大殿，南北向望去有透视加强效果，显得空间更加深远。院落中央置有香炉一座（图2-3-62），通体铜质铸造，表面装饰有莲瓣、云纹、火焰等传统纹样，顶部金色宝珠在阳光照射下闪闪发光，至为醒目，颇有点睛之作用，昭示着这方庭院是整个寺院举行法会、盛典的中心场所。

图2-3-60 廊庑衔接

图2-3-61　廊庑中悬挂的鱼梆

图2-3-62　香炉灯

　　大雄殿，顾名思义就是整个寺院面积最大、位置最重要的主要殿堂，其修广亦是在所有殿堂中最为隆重的。（图2-3-63~图2-3-65）

　　巍然矗立在高台上的大雄殿采用仿唐风格，是以迄今考古发现单体面积最大（总面积约600m²）亦最为完整的唐代木构遗存——五台山佛光寺

图2-3-63　从东南视角看大雄殿

图2-3-64　从大雄殿东南处看天王殿

①
图片来源：微信公众号"无用研究社"。

东大殿（图2-3-66、图2-3-67）为蓝本进行设计的；大殿坐北朝南，面阔七间、进深四间，殿前檐中间五间设厚实板门，左右两端开设直棂窗，屋面采用单檐庑殿顶，出檐深远，4m有余，屋面舒缓；屋檐两端微微起翘，檐下斗拱硕大，这些均是唐代建筑的典型特征（图2-3-68）。

图2-3-65 在东侧廊看大雄殿

图2-3-66 五台山佛光寺东大殿①

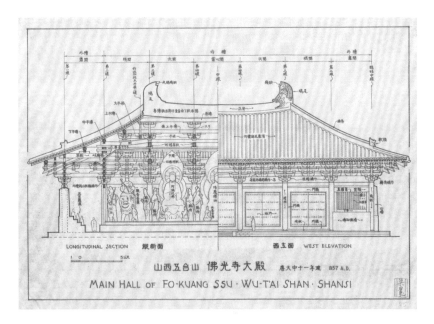

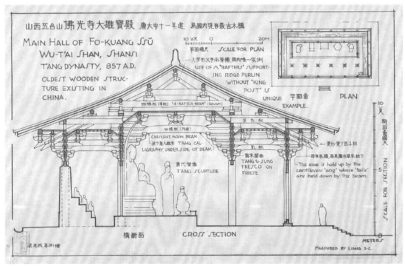

图2-3-67　五台山佛光寺东大殿平、立、剖面图[①]

①

梁思成.《图像中国建筑史》手绘图[M].
北京：新星出版社，2015.

②

《木经》是一部关于房屋建筑方法的
著作，也是我国历史上第一部木结构建筑
手册。宋代沈括在《梦溪笔谈》中有简
略记载，《木经》对建筑物各个部分的
规格和各构件之间的比例作了详细具体
的规定，一直为后人广泛应用。

　　远观大雄殿正立面，不难发现其整体为三段式立面构图，自下而上分别为台基——石作部分、屋身（构架）——木作部分、屋顶（屋面）——瓦作部分。

　　北宋著名匠师喻皓在其所著《木经》②一书中，就有"凡屋有三分：自梁以上为上分，地以上为中分，阶为下分"之说，此说明确道出了中国古典建筑上千年以来几乎不变的构图方式（图2-3-69）。同样，建筑

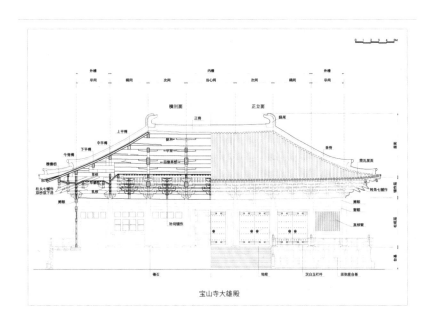

宝山寺大雄殿

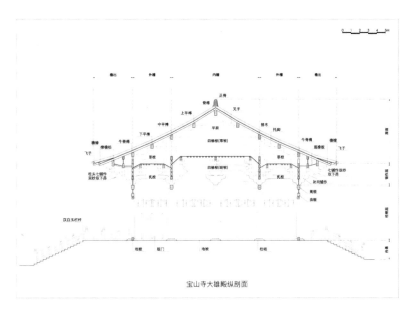

宝山寺大雄殿纵剖面

图2-3-68 宝山寺大雄殿立、剖面图

学家梁思成曾经对中国古典建筑的立面构图作过这样的总结：中国的建筑，在立面的布局上，明显地分为三个重要部分，台基、墙柱构架和屋顶。任何地方、建于任何年代、属于何种作用、规模无论细小或雄伟，莫不全具此三部。

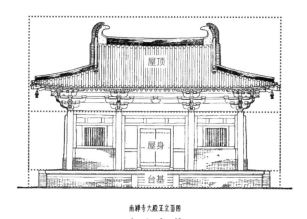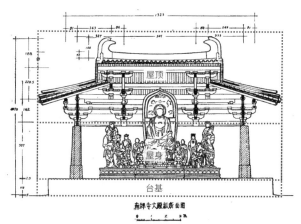

图2-3-69 南禅寺大殿立面及剖面图[①]

下面将从台基、屋身、屋顶三部分对大雄殿进行介绍：

台基：

台基又称基座，在建筑物中，系高出地面的建筑物底座。用以承托建筑物，并使其防潮、防腐，同时可抬升建筑高度，用以弥补中国古建筑单体不甚高大雄伟的欠缺。宝山寺场地平整，几无高差之便利，因此要营造大雄殿之隆重，首先须为其创造适当的"高台"（约2m）作为基座，才能显示与其他各处建筑在等级、地位上的差异（图2-3-70）。从遗存下来的唐、宋、辽时期建筑均可看到此种做法，如山西平顺天台庵（宋）（图2-3-71）、山西五龙庙（唐）（图2-3-72）、辽宁义县奉国寺大殿（辽）（图2-3-73）等。

① 祁英涛，柴泽俊. 南禅寺大殿修复 [J]. 文物，1980，11：16.

图2-3-70 宝山寺大雄殿以高台为基座

①②
图片来源：网络。

图2-3-71　山西平顺天台庵（宋）[1]

图2-3-72　山西五龙庙（唐）[2]

图2-3-73　辽宁义县奉国寺大殿（辽）

台基根据大殿"广七间、深四间"的矩形平面，周圈向外扩一丈（宋代营造计量单位，十尺为一丈）为台基基本平面，在大殿正面居中五开间位置再向外突出五尺，形成"凸"字型的台基平面（图2-3-74），台基与院内地面高差用三开间宽的十七级台阶消解（图2-3-75）。台基采用灰白色花岗岩垒砌成须弥座形式，中部用石板、石柱装饰，所有石板板材采用火烧面做法，条石、块石采用剁斧处理（图2-3-76）；台基及台阶边缘位置设置唐代常用的"寻杖栏杆"作为防护构件，栏杆采用非洲

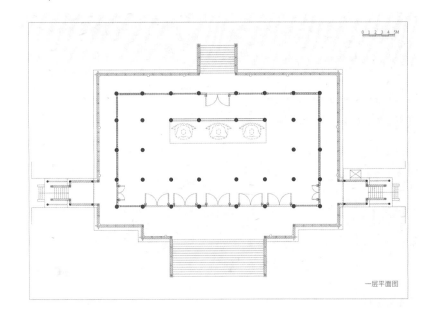

图2-3-74　大雄殿台基平面图

图2-3-75　十七级台阶

红花梨木为主要材料，局部点缀有卷草纹样铜饰件，为防止栏杆底部木材受潮糟朽，特将原底部木材质"地栿"替换为石材材质，增强栏杆整体耐久性；栏杆分成数段，每段间用木板、短柱、小斗、扶手等构件组合而成，转角多采用直角交接做法，阳角处寻杖扶手伸出柱头，并向上翘起形成线条优美的弧线形，呼应屋顶起翘曲线（图2-3-77）；阴角及端头使用望柱收头，柱用圆柱形，底部与地栿（图2-3-78、图2-3-79）相连，侧面则与扶手等构件相接，柱顶部用富有美感的铜质莲瓣柱头装饰（图2-3-80）。

图2-3-76 大雄殿台基

图2-3-77 寻杖扶手

图2-3-78 栏杆地栿

图2-3-79 栏杆—阴角／终端处理

图2-3-80　莲瓣柱头装饰

屋身：

屋身立于台基之上，承托上部屋顶，是整个建筑的中坚部分。

"广七间、深四间"是用传统建筑语言对大殿规模进行的量化描述（古建筑将两柱之间的尺度称为开间）。大殿柱脚下放置莲瓣柱础，柱础约为柱径二倍见方，底部与地面石材铺地齐平，莲瓣高于地面，向上为比柱径略大一圈的素平础面，承托柱脚；柱头做卷杀——将柱头砍削成接近弧形的折线形，形成柱身向上逐渐缩小的形象（图2-3-81、图2-3-82）；柱脚较柱头位置向外侧推出，柱头向室内微倾，使外圈柱的整体稳定性得到很好的提高，这种做法叫作"侧脚"。宝山寺大雄殿各间生起均依照宋《营造法式》大木作制度——生起高度随间数确定，除明间外（即当心间两柱等高），其余每间升高2寸。宝山寺大雄殿共7间，至尽间转角柱总共升高6寸，各柱之间采用阑额联系，形成7段折线，两端高起中间低洼，在视觉上很好地校正了由透视导致的建筑两端"下垂"的视觉差。柱头以上通过斗栱承挑过渡，承托上部的梁架及屋面荷载。（图2-3-83、图2-3-84）

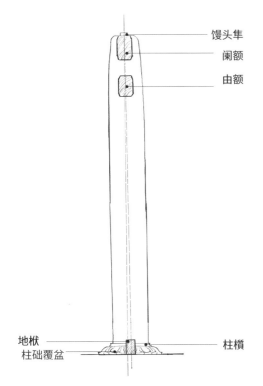

图2-3-81 大雄殿柱头设计

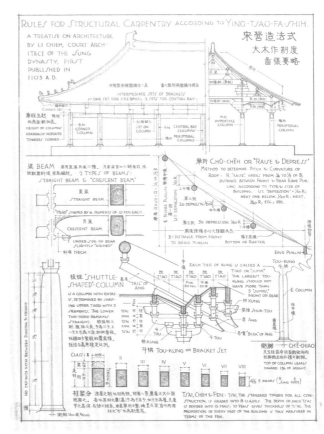

图2-3-83 宋·《营造法式》大木作制度图样要略[1]

图2-3-82 大雄殿木柱实景

图2-3-84 宝山寺斗栱

① 梁思成.《图像中国建筑史》手绘图 [M]. 北京：新星出版社，2020.

斗栱是中国古建筑中极其特别的构件，论其名称，中国江南地区古建筑营造做法专著——《营造法原》[①]及中国建筑（官式）的两部"文法书"——宋《营造法式》、清《工程做法则例》[②]均有不同称谓，《营造法原》称"斗栱"为"牌科"（图2-3-85），此为代表地域性民间营造的叫法，非官方称谓。宋《营造法式》称其为"铺作"（图2-3-86），大概是对其层层叠叠构件"铺"放工序的一种反映，故有"四铺作""五铺作"……乃至于"八铺作"。清《工程做法则例》则称其为"斗栱"（图2-3-87），即将"弓"形纵横放置的木构件称为"栱"，栱端放置的"斗"形垫木称为"斗"，合称"斗栱"，更具有"形象"特点，也更易被大众理解和接受。

①
《营造法原》姚承祖原著，张至刚增编，刘敦桢校阅；系统地阐述了江南传统建筑的形制、构造、配料、工限等内容，兼及江南园林建筑的布局和构造，材料十分丰富。书中还附有照片一百七十二帧，版图五十一幅。对设计研究传统形式建筑及维修古建筑有较大的参考价值。

②
清《工程做法则例》于清朝雍正十二年(1734年)颁布，是清代建筑的经典性文献，它对于我们今天进行古建筑保护、维修、研究仍有实用价值。

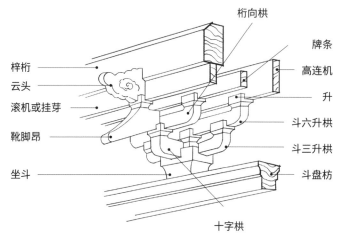

图2-3-85 《营造法原》-牌科

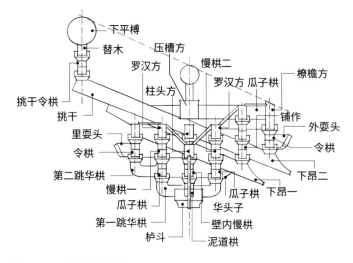

图2-3-86 宋代官式铺作

①
梁思成. 中国建筑史 [M]. 天津：百花文艺出版社，2005.

②
乳栿是宋式古建中常用的大木构件，因横跨两段椽子，比较短，所以又被称为"两椽栿"，乳栿即清代"双步梁"。明乳栿即位于室内天花装饰以下，做法精美；草乳栿位于天花装饰之上，做法粗糙。

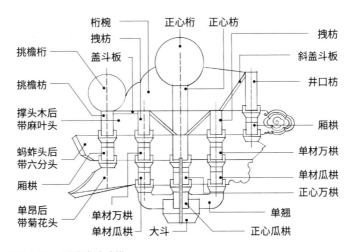

图2-3-87　清代官式斗栱

　　由于目前尚未发现唐代关于建筑方面的书籍遗存，故对于唐代建筑各构件的具体名称多按照宋《营造法式》之称谓，梁思成先生在《中国建筑史》[①]中关于佛光寺大殿的描述也是如此："外檐柱上施双抄双下昂斗栱，第二抄后尾即为内外柱间之明乳栿[②]，为月梁形，其双层昂尾于草乳栿之下……补间铺作，每间一朵……"（图2-3-88）。

　　宝山寺大雄殿以佛光寺东大殿为原型，建筑法式特征以之为借鉴，斗栱及其他构件名称也与之一致。宝山寺大雄殿外立面所用斗栱共有三种（图2-3-89）。

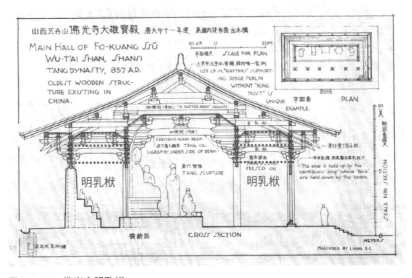

图2-3-88　佛光寺明乳栿

图2-3-89　斗栱

一为"柱头铺作"（图2-3-90、图2-3-91），用于柱头之上，自下而上依次为纵横开口的栌斗，于口内沿建筑方向先放置泥道栱，后放置垂直于建筑方向向外挑出的华栱（又称为"杪"）与之相交，其上再叠放一层向外悬挑的华栱，而后斜置两层批竹昂，所谓批竹昂即是将昂向外的头部砍斫成斜直线型，大致可以理解为竹子被削割后留下的斜面形状，两昂头部向下、向外悬挑，尾部向内压于草栿之下，此即为"外檐柱上施双杪双下昂斗栱"。

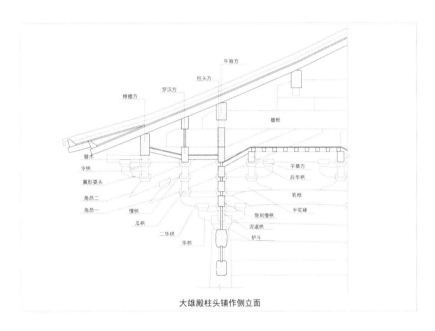

大雄殿柱头铺作侧立面

图2-3-90 大雄殿柱头铺作设计图

图2-3-91 大雄殿柱头铺作实拍图

　　二为"转角铺作"（图2-3-92、图2-3-93），柱头铺作在转角处的一种变体，正面、侧面乃至斜向都有栱、昂等构件向外挑出，层叠交错，至为复杂；转角铺作正面和侧面使用双杪双昂做法，与柱头铺作做法完全相同，不同之处在于正面和侧面的斜角位置也增加了双杪双昂，并在第二层昂上设置了"由昂"，在由昂上放置"力士"支撑上部建筑转角位置向外挑出的角梁。这便是转角铺作的全部模样，由于正、侧及斜角三个方向同时使用栱、昂、斗等构件进行组合，其复杂程度可想而知。

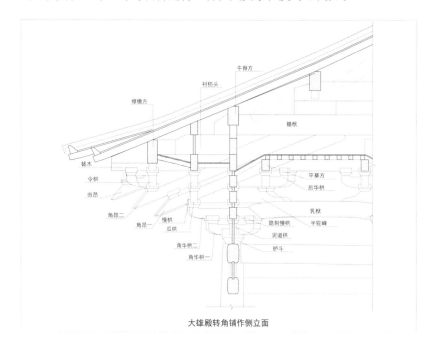

大雄殿转角铺作侧立面

图2-3-92　大雄殿转角铺作设计图

图2-3-93　大雄殿转角铺作实景图

三为"补间铺作"（图2-3-94、图2-3-95），即用于柱头铺作之间，不同之处在于下部省略栌斗及纵、横放置的华栱、泥道栱，代之为短柱（名为蜀柱），由此便知补间铺作是柱头铺作的减配版。蜀柱以上同样做了简化处理，倾斜向下的下昂一概省去，只用两道华栱层叠向外水平挑出，华栱以上使用要头收头，再上使用木枋、椽、板等组合的天花，以上为补间铺作的组合形象。

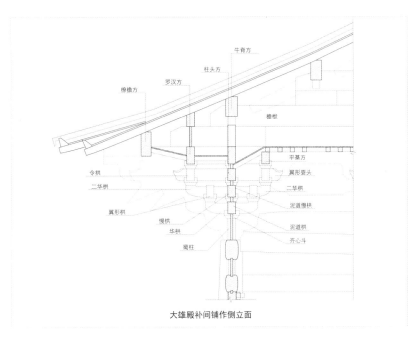

大雄殿补间铺作侧立面

图2-3-94 大雄殿补间铺作设计图

图2-3-95 大雄殿补间铺作实拍图

屋顶：

唐代建筑的各种屋顶形式已经形成了后世所常见的样式，如庑殿顶、歇山顶、悬山顶、攒尖顶（图2-3-96）等都已具备，且唐代屋顶等级制度也已形成，不同于后世的是唐代建筑屋面坡度相对平缓，檐口相对平直，出檐深远，椽径较大，椽头、飞头均做卷杀（图2-3-97），砍斫成折线形，看上去椽子、飞子头部较小，不至于显得过于粗壮，这些都是唐代建筑的时代特征。

① 庑殿顶　　② 攒尖顶　　③ 歇山顶

图2-3-96　敦煌壁画中描绘的各类屋顶

图2-3-97　大雄殿飞椽头卷杀

①②
图片来源：新浪微博号"爱塔传奇"。

大雄殿屋面采用庑殿顶形式，也是整个建筑群唯一使用庑殿顶的建筑，前面的天王殿、后面的藏经楼均采用歇山顶，两侧附属的药师殿、观音殿则采用悬山顶，通过前后左右建筑屋面形式的不同，可以清晰地表明大雄殿是建筑群中等级最高的单体建筑。（图2-3-98）

屋顶通过斗栱和椽子向外悬挑，形成出挑深远的屋面，为大殿增添了豪放的气势，屋脊两端微微上扬形成弧线形，与屋面整体的弧面相契合。大殿屋顶上所用瓦件、脊头使用的鸱尾、鬼面瓦等均参考出土文物进行复原设计（图2-3-99～图2-3-101），筒瓦当使用莲瓣形纹样装饰，板瓦当采用向下翻边的形式，便于雨水向下滴落（图2-3-102～图2-3-104），鸱尾素面不做雕饰，与屋脊平口衔接，不做开口样式，与后世样式不同。（图2-3-105、图2-3-106）

图2-3-98 **大雄殿的等级最高**

图2-3-99 **鸱尾（西安大明宫出土）**①

图2-3-100 **筒瓦当（出土文物）**②

图2-3-101　鬼瓦（出土文物）①

图2-3-102　宝山寺大雄殿筒瓦当与鬼瓦

图2-3-103　宝山寺大雄殿鬼瓦设计图

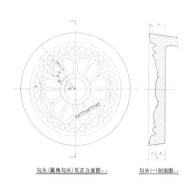

图2-3-104　宝山寺大雄殿瓦当设计图

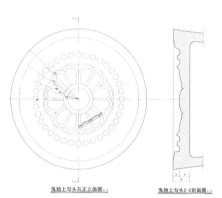

图2-3-105　宝山寺大雄殿鸱尾

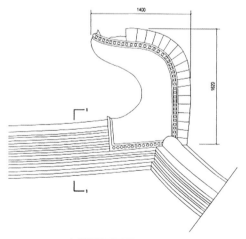

大雄殿鸱尾正面1∶20

图2-3-106　宝山寺大雄殿鸱尾设计图

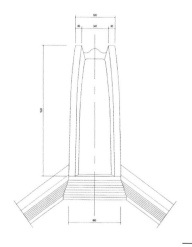

大雄殿鸱尾侧面1∶10

①
图片来源：网络。

四、第三进院落及藏经楼

转过大雄殿，即可见第三进院落的主体建筑——藏经楼，左右两侧布置有配殿，东侧为供奉寺院护法神伽蓝菩萨的伽蓝殿，西侧为供奉先贤祖师的祖堂。（图2-3-107～图2-3-111）

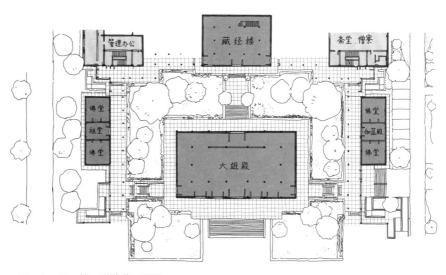

图2-3-107　第三进院落平面图

图2-3-108　藏经楼北立面

图2-3-109　藏经楼屋脊鬼瓦

图2-3-110　从僧寮看藏经楼

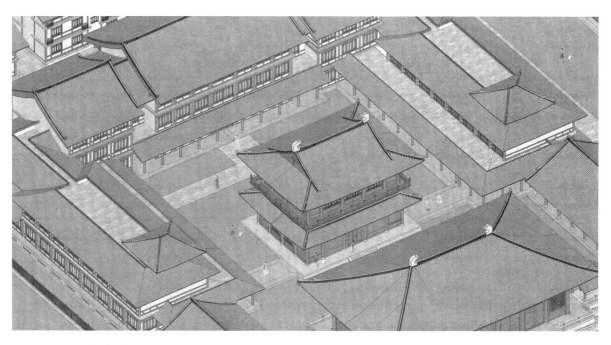

图2-3-111　西南视角俯瞰藏经楼BIM模型轴测图

　　此院落较其他院落极为扁长（东西宽度未变，南北深度较小），院子中轴位置设置一条甬道，连接大雄殿与藏经楼，并将院落划分为左右两块L形绿地，种植有香樟、茶花等花木树种，其中香樟树冠硕大，向外伸展犹如伞盖，在烈日时也能荫蔽庭院，为僧众提供一方纳凉之地，深受喜爱。（图2-3-112、图2-3-113）

　　藏经楼是寺院收藏经书典籍的地方（类似于当今社会的图书馆），一般根据各寺院所属宗派的不同，收藏的经书有所区别。（图2-3-114）

图2-3-112　第三进院落实景俯瞰

图2-3-113　第三进院落实景半鸟瞰

图2-3-114　河北正定隆兴寺转轮藏

中国古代佛教寺院藏书历史悠久，与官府藏书、私人藏书和书院藏书构成我国古代藏书的四大体系。对我国佛教文化的传播和发展起到了非常积极的作用。

自从东汉初年佛教传入我国，翻译、收藏佛教经书典籍工作便从未停止过，起初从天竺国（印度）迎请的摄摩腾、竺法兰以洛阳城西雍门外白马寺为精舍，在此翻译经典、宣扬佛理，翻译出中国历史上第一部汉文佛经——《四十二章经》。

后来世人为寻佛理，多有立志者遁入空门，不畏险阻、苦心钻研，唐僧三藏便是我国佛教史上一颗璀璨的明星，为探究佛教各派学说分歧，于贞观元年一人西行五万里，历经艰险到达印度佛教中心那烂陀寺迎取真经，历时十七年，遍学当时大小乘各种学说，共带回佛骨舍利150粒、佛像7尊、经论657部，而后长期翻译佛经直至圆寂，先后译出《大般若经》《瑜伽师地论》《心经》等佛典75部，共1335卷。

随着佛教的兴盛，吸引了众多的学者、僧人以翻译佛经为事业，使得佛教经典数量大为增加，于是在寺院中就需要有专门存放经书的空间。至唐代已经有此类建筑，从《戒坛图经》[①]中关于寺院的描述可以了解到塔两侧有经台、钟台左右相互对峙（图2-3-115）；此处的"台"在后来发展成为"楼"的形式，便有了"经楼""经藏"的称呼；朝代更迭，世事变迁，至明清以来的"藏经楼"叫法和位置略有不同（明清后藏经楼多在中轴线上），但是功用仍然一致。

历史上的辽代是由我国北方少数民族——契丹族建立的朝代，在唐代衰落、分裂后继承了"唐"的血脉，在文化上沿着"唐"文化继续向前发展，在建筑方面承接唐代的建筑制度、法式特征，即所谓"辽承唐制"。因此研究唐代的楼阁式建筑时，必不可少地要研究辽代建筑。辽代建筑遗存数量较唐代丰富，实物保存较好，价值较高，如大同善化寺普贤阁（图2-3-116）、文殊阁（图2-3-117）等，以资借鉴。

唐代遗存至今的楼阁式建筑尚未发现，因此设计过程中，依据梁先生所著《中国建筑史》查阅了河北蓟县独乐寺观音阁[②]的相关资料（图2-3-118、图2-3-119），"观音阁上下两层，并平坐一层，共为三层。凡熟悉敦煌壁画中殿宇之形状者，无不一见而感觉二者之相似者也。阁平面长方形，广五间，深四间，柱之分配为内外两周……"，故以此作为宝山寺藏经楼的借鉴和参考对象最为合适。

① 在唐代以前，戒坛大都按照古印度的方法来构筑，具体规制依据天竺、西域僧人所传和律典的记述。唐乾封二年（667年），律宗高僧道宣在长安净业寺创立戒坛，并撰写绘制《关中创立戒坛图经》（简称《戒坛图经》），阐述戒坛形制的来源、依据、仪式、造型、尺度、材料等问题，依据中国文化特点，对戒坛和仪式既有继承，又有创新。

② 独乐寺观音阁，位于河北省蓟县，相传始建于唐，后重建于辽统和二年（984年）。

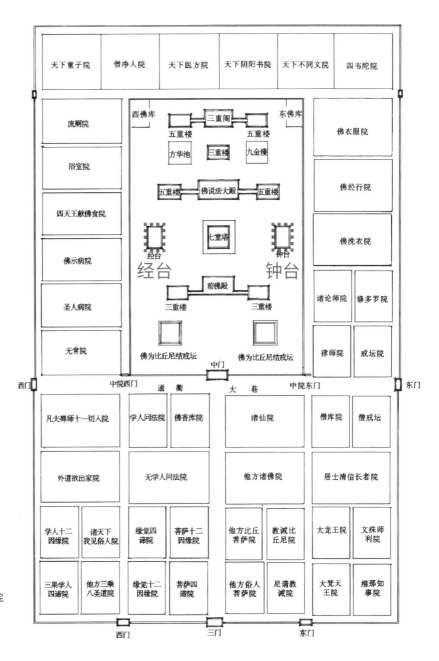

图2-3-115　《戒坛图经》所绘寺院平面图

　　藏经楼设计为面阔五间，进深四间，矩形平面，平面尺度较大雄殿小，台基扁平，用灰白色石材垒砌，周圈未设栏杆，上下共两层，以平坐和屋檐为界划分，平坐以下虽未设夹层，但有环廊环绕一周，实为夹层，整体建筑上下通高，从而形成一层相对较高，二层相对低矮的空间尺度。（图2-3-120）

图2-3-117　大同善化寺文殊阁②

图2-3-116　大同善化寺普贤阁①

图2-3-118　蓟县独乐寺观音阁正立面③

①②③
图片来源：网络。

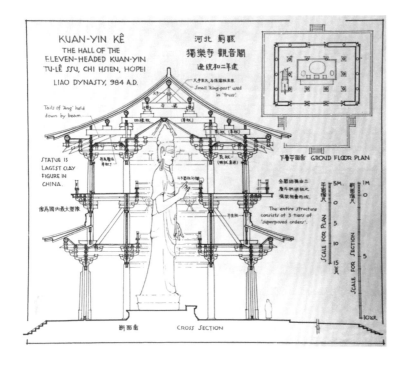

图2-3-119　蓟县独乐寺观音阁平面、
剖面图

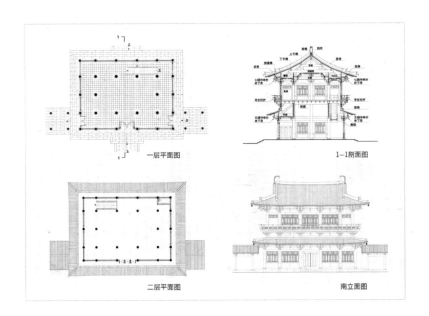

图2-3-120　宝山寺藏经楼平面图、
立面图、剖面图

上、下层均只在当心间设门，一层门亦采用板门做法，只是减去了
装饰的门钉，门板光洁，不做其他装饰，二层的门及所有的窗，均减去竖
向密排壮实直棂条，概括为相对纤细的棂条，并且于门窗框间用玻璃封
护，使得室内光线充足，满足传统藏书和现代使用的要求（图2-3-121、
图2-3-122）；从二层开门便可通至平坐，绕行建筑一周，环顾四下景
象，平坐边沿设有栏杆，顶部扶手为圆形，在四角端头位置向外挑出做
成优美的弧线。（图2-3-123、图2-3-124）

结构柱分为内外两圈，外圈槽柱分上下两段，下段承托一层屋檐；
上段较下段内收，直通向上与内圈柱同高，由斗栱（斗栱采用单杪双下
昂做法，较大雄殿斗栱等级低一个等级）、梁架过度承托二层屋面，屋
面采用歇山顶形式，较大雄殿庑殿顶级别稍低，是遵从建筑等级的协调

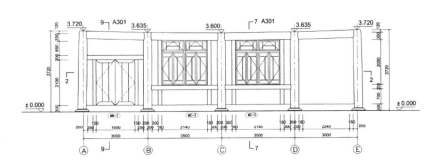

图2-3-121　宝山寺藏经楼板门、窗
设计图

图2-3-122 宝山寺藏经楼门窗实景图

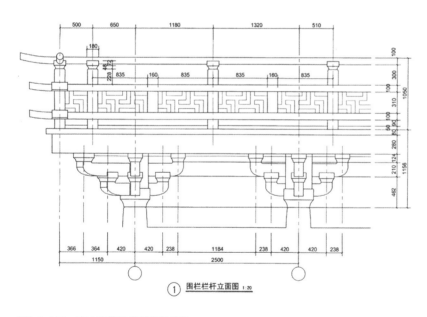

① 围栏栏杆立面图 1:20

图2-3-123 宝山寺藏经楼栏杆设计图

做法，最高处屋脊两端用鸱尾装饰，其余屋脊端部用鬼瓦装饰，屋面用瓦与大雄殿相同，均为灰色陶瓦，头部瓦当装饰有莲花纹样。除台基和屋面以外的所有构件均为与大雄殿相同的木材制作，色彩与大雄殿相一致，呈素雅色调。（图2-3-125～图2-3-129）

图2-3-124 宝山寺藏经楼实景图

图2-3-125 宝山寺藏经楼半鸟瞰图

图2-3-126 宝山寺藏经楼当心间实景图

图2-3-127　宝山寺藏经楼二层平坐实景图

图2-3-128　宝山寺藏经楼风铎实景图

图2-3-129　从大雄殿看藏经楼实景图

五、第四进院落及僧寮（法堂、方丈室）

第四进院落是僧众餐食、起居之所，也是寺院内部的管理办公场所，以院落南端的藏经楼作为分隔生活区和前序礼佛区的标志。此进院落的建筑主要功能为法堂、方丈室、水陆法会内堂，两侧配置有僧舍、斋堂、寺务处等，特别之处在于此处建筑为钢筋混凝土结构，并利用地下空间，作为仓库、设备及其他功用的临时用房。（图2-3-130~图2-3-134）

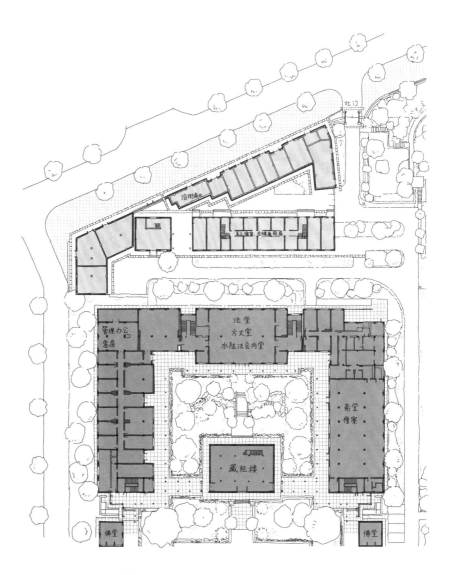

图2-3-130 第四进院落平面图

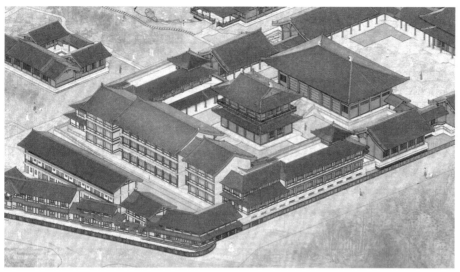

图2-3-131　僧寮藏经楼BIM轴测图

图2-3-132　第四进院落实景俯瞰图

图2-3-133　第四进院落实景鸟瞰

图2-3-134　从水陆法会内堂看藏经楼

僧寮与藏经楼围合的庭院是一处精致、清幽的禅意花园，花园按照古典园林手法布置有花、木、山、石、虹桥等，整个庭院除中间甬道及沿着建筑台基周圈布置的卵石外，均栽种了各种绿植花木。每逢雨天，雨水滴落在卵石上滴答作响，花园更显静谧，雨量较大时雨水汇于石板小桥下，更有虹桥卧波之景，两翼建筑前种植有香樟及桂花等，用于遮蔽两侧的视线，在法堂前点缀种植有低矮灌木，形态、高低不一，富有诗意和美感。（图2-3-135～图2-3-137）

图2-3-135　第四进院落实景图1

图2-3-136　第四进院落实景图2

图2-3-137　第四进院落实景图3

禅意花园因景色丰富、四季分明成为游客拍照的必选打卡地，春秋季节来此取景拍照的游客数不胜数，众多身着汉服的时尚人士，行于院落间，止于美景处，摆拍摄影，殊不知自身也成为宝山寺一道特别的风景线。（图2-3-138）

僧人生活区是寺院的重要组成部分，随着寺院的功能布局变化而变化，而寺院功能布局随着时代、文化背景和膜拜对象的变化也在改变。起初僧人凿窟修行（图2-3-139），石窟便兼具了修行和生活的全部功能；东汉佛教传入至唐以前，寺院保持以塔为核心的布局形态（绕塔膜拜），生活功能多偏至一隅（图2-3-140）；魏晋南北朝，佛教蓬勃发展，造像之风盛行，官宦、富庶捐宅供养，寺院便"以宅为寺"，改轴线上的厅堂、殿堂等建筑为佛殿（供奉佛像）、法堂、方丈室等，两侧厢房成为厨库、僧寮等，佛塔逐渐式微（至宋代以后不再成为佛寺必备建筑）。

①
图片来源：网络。

图2-3-138　在院落中拍照的儿童

图2-3-139　宝山寺僧寮院落实拍

图2-3-140　云冈石窟①

宝山寺藏经楼之北的建筑整体称为僧寮（图2-3-141、图2-3-142），主要为用于僧人居住的宿舍，但在中轴线上一层设置法堂，也称讲堂，是讲经说法、授戒的场所，每逢法会僧人便在此集会，二层为方丈室，是方丈生活、起居、会客的空间（因用地条件的限制，法堂和方丈室不能沿着水平轴线展开，因此采用竖向垂直布置）。僧寮依据唐代寺院布局方式，位于轴线左右两翼厢房位置的二层，其余附属功能，如办公、斋堂（餐食）等布置在左右两翼厢房位置的一层。

图2-3-141　永宁寺复原图（王贵祥先生提供）

图2-3-142　宝山寺藏经楼与僧寮实景图

此组建筑采用唐代建筑元素、形式进行重新组合、设计出全新的布局形态（图2-3-143），与藏经楼用廊庑相连围合成最后一进庭院。僧寮主体结构采用钢筋混凝土建造，与其他建筑采用木材不同。钢筋混凝土材料较木材有相当大的优势，柱间距和梁的跨度可以尽可能地满足功能的需要，营造出可以集中使用的"大"空间，比如法堂、方丈室、多功能厅等。其中，多功能厅中间三开间上下贯通，减去当心间中间一跨左右两柱，形成宽约12m，深约15m的无柱空间。钢筋混凝土解决了木材受材料性质限制难以营造出大空间的问题。建筑层间不再使用木制的斗栱进行水平分层，取而代之的是向外挑出的混凝土线脚和每层外立面用木材制作的立柱、阑额、斗栱等装饰，整体较纯木结构简洁，但是仍然保留有唐代建筑风貌。

僧寮主体部分坐北朝南，共三层，屋面采用前后两坡的悬山式屋顶（图2-3-144、图2-3-145），根据建筑的主次和立面需要划分出高低错落的五段（中轴线上七开间屋面最高，两端三开间略低，两者之间连廊最低）；两翼建筑与主体相连，一层有宽阔的廊庑连通，二层建筑形体向后退出平屋顶空间，形成退台的形式，僧人可以从二层房间到平屋顶上诵经、休憩或是观赏庭院风景。在两翼建筑平顶周圈加设披檐，是一种创新做法，既满足了人视角的观感效果，平顶部分又可以加以利用，很好地兼顾了美观与实用的需求。

图2-3-143　僧寮正立面实景图

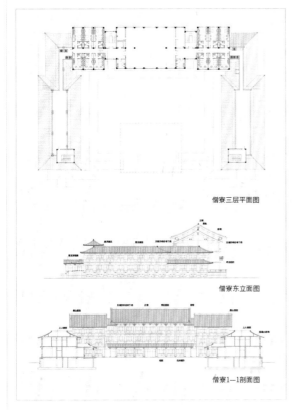

图2-3-144　僧寮三层平面图、立面图、剖面图

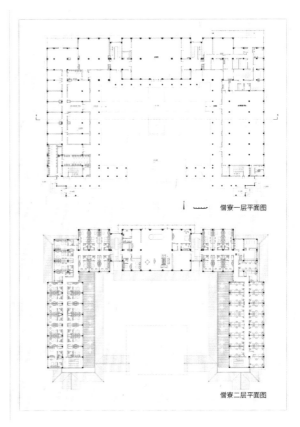

图2-3-145　僧寮一、二层平面图

第四节　祇园

一、寺院园林

①
周维权. 中国古典园林史 [M]. 3 版. 北京：清华大学出版社，2010.

②
据慧皎《高僧传》记载："却负香炉之峰，傍带瀑布之壑；仍石垒基，即松栽构，清泉环阶，白云满室。复于寺内别置禅林，森树烟凝，石径苔生。"

③
《洛阳伽蓝记》记载有北魏洛阳城内外的许多寺院："堂宇宏美，林木萧森""庭列修竹，檐拂高松""斜峰入，曲沼环堂"。

我国古典园林可分为皇家苑囿、私家园林和宗教园林。其中，宗教园林又分为三种情况：①毗邻寺观而单独建置的园林。南北朝的佛教徒中盛行"舍宅为寺"，将原居住用房改造成佛像的殿宇和僧众的用房，宅园则原样保留为寺院的附院。②寺、观内部各殿堂庭院的绿化和园林化。③郊野地带的寺、观外围的园林化环境[①]。寺院园林化最早出现于公元4世纪，东晋太元年间（376—396年），僧人慧远在庐山营造东林寺[②]，他是在自然景观环境中设置人工禅林的先驱。随着佛教传入中国，宗教园林有了大发展，形成了一个佛教追求园林环境的时代氛围[③]。

有唐一代，经济繁荣，建筑业高度发达，如果你在8世纪上半叶即开元盛世之际造访长安，目之所及将是花团锦簇、宫殿如云——大明宫北有太液池，池周建回廊400多间。兴庆宫以龙池为中心，围有多组院落。长安城东南隅有芙蓉园、曲江池。寺院园林也勃兴起来[①]，大型寺院园林有着皇家园林的宏伟气势，如朱雀门大街东侧的靖善坊，整座坊皆为大兴善寺。小型庙宇庭院则透着私家园林的精致秀气，以其优美的园林环境和花卉繁盛而闻名[②]。

随着禅宗在士大夫群体中逐渐兴盛，文人与禅宗的结合，进一步推动了禅宗的流行与演进，佛事活动、参禅养性与园林欣赏、游乐活动往往融合在一起。禅悟之趣与园林之乐共同融合在士大夫的日常生活中，园中煮酒、品茗、采屏、纳凉等活动既有生活逸趣，又富有空灵禅趣[③]。在禅宗思想的影响下，园林设计通常取意于自然界的真实山水，再将其模拟浓缩于园林之中，并最终构成一个整体，给欣赏以无限的想象空间。

从两晋、南北朝到唐、宋、元，随着佛教的几度繁盛，寺院园林的发展在数量和规模上都十分可观。然而这一时期由于战乱兵灾，寺院园林遗址和现存文献数量少之又少，在这种情况下，敦煌壁画保留了一千多年的可靠资料，成为打开佛教园林在宋代之前样式宝库的珍贵钥匙，特别是数量繁多、占满整面墙壁的描绘佛国净土、极乐世界的大规模经变壁画[④]（图2-4-1、图2-4-2）。

① "以长安城为例，长安有僧寺六十四，尼寺二十七，道士观十，女观六，波斯寺二，胡天祠四，共计一百一十三所，这还不包括坊内一些小规模佛堂。"王南. 梦回唐朝[M]. 北京：新星出版社，2018.

② 唐代诗人白居易七言绝句《僧院花》，"欲悟色空为佛事，故栽芳树在僧家。细看便是华严偈，方便风开智慧花。"

③ 复旦大学文史研究院院长葛兆光先生在《禅宗与中国文化》里指出：中国式的禅宗是直观地探索人的本性的伦理学，是应对机智、行卧三昧、表现悟性的对话艺术，是自然清净、行卧自由的生活方式与人生情趣的结合。

④ 经变是指将抽象的佛经文字内容绘制成具体的图画，也称变相，绘制经变图的目的是希望通过艺术的形式来向信徒宣传佛教的理念，同时也将信众较难理解的教义或文字，转成容易看懂的图画来呈现。

图2-4-1　盛唐第172窟观无量寿经变图

①
梵文的意译，印度佛教圣地之一。相传释迦牟尼成道后，憍萨罗国的给孤独长者用大量黄金购置舍卫城南祇陀太子园地，建筑精舍，请释迦说法。祇陀太子也奉献了园内的树木，故以二人名字命名。

②
丛林：佛教多数僧众聚居的处所。《大智度论》卷三："僧伽秦言众，多比丘一处和合，是名僧伽；譬如大树丛聚是名为林。"后泛称寺院为丛林。

图2-4-2　盛唐第148窟药师经变图局部

宗教园林是中国古典园林的重要组成部分，也是传统文化的载体之一。在中国传统文化的三大重要组成部分中，儒家、道家、佛教的主要思想、宗旨和哲学观对宗教园林的影响，体现在园林布局、风格和意境的塑造等方方面面。寺院园林中的一草一木，一山一水，一园一景所营造的清净而美好的意境，无不传达着三教合一的慈悲、圆融和智慧。

二、祇园

2011年，宝山区政府在临宝山寺主院东侧辟地30余亩，作为规划建设寺院配套园林——祇园的用地。祇园，是"祇树给孤独园"的简称①。整座园林建筑设计以禅意园林为意境追求、以罗店古镇为文化参照、以唐代丛林②为建筑蓝本精心打造，同时将江南造园的精巧典雅原则运用到景观建筑设计中。"清风明月本无价，近水远山皆有情"，结合宝山寺唐式建筑群的大背景，将园林内的仿唐风景观建筑与禅意的绿化组合起来，创造有文化底蕴的独特寺院园林。（图2-4-3～图2-4-6）

整个园林用地范围形似数字"7"，用地外主要道路为东侧的罗溪路和北侧的祁北路，整个用地分别通过东门和北门与城市道路连接（图2-4-7）。园林西侧与宝山寺毗邻，设有为园林和宝山寺服务的消防车道，并在西北侧和南侧设置消防出入口（图2-4-8）。项目建设用地20 100m²，其中水体工程约1280m²，绿化工程14 532m²，园路及铺装2650m²，新建建筑占地1638m²，总建筑面积2829m²。

图2-4-3　祇园草坪实景图

图2-4-4　从祇园金塔上看园林

图2-4-5　东门入口处迎客屏风

图2-4-6　暮色中的宝山寺建筑群

　　"山水"是中国传统园林的主要特征之一。祇园是一座叠山、理水相结合，具有浓郁诗情画意的人工山水园。南部以水为主，水体空间活跃，瀑布溪流，水体聚散有序，水面扩大为开，溪流收之为合。岸线曲折有致，形式和结构交替变化，岩石叠砌，沙洲浅渚，石矶泊岸，以收放变换而创造水之情趣。理水过程中，巧妙地将挖湖产生的土，在园林的北部堆成山。北部以山为主，取土造山，以山水画理及笔意、写意组合成山，依不对称但均衡的构图原理，主峰参差错落，由地形变化带来人的仰、俯、平视构成的空间变化。同时充分利用地形，在堆山之上建造佛香阁，与南部金塔遥相呼应，对园景起到控制作用。配以自然树群所形成的平缓延续的绿色树冠线，形成山水起伏的景观序列。

图2-4-7　祇园总图

图2-4-8　消防通道图

刘敦桢先生在《苏州古典园林》一书中曾介绍到：园林观赏路线的展开，或高而登楼上山，或低而过桥越涧，或处境开朗，或较为封闭，或可远眺，或可俯瞰，或室内或室外，使所处的环境和景色富于变化，各有特点。只有在布局中处理好观赏点和观赏路线的关系，才能使人们游览时，犹如看到连续的画卷不断展现在眼前。祇园的布局以金塔为中心，辅以供游憩的园林建筑及山水景致，按唐代诗人柳宗元提出的"逸其人、因其地、全其天"的原则，构成人与自然和谐共生的禅意园林风貌。（图2-4-9）

景观建筑在园林中具有使用与观赏的双重作用，建筑不仅是休息和观赏景致的场所，同时也成为被观赏的建筑人文景观。它们与假山、池水、花木共同组成园景；在局部景区中，还构成风景的主题。轩、楼、阁、榭、亭、廊等各类建筑与周围景物和谐统一，造型参差错落，虚实相间，富有变化。这是中国园林的一大特色。

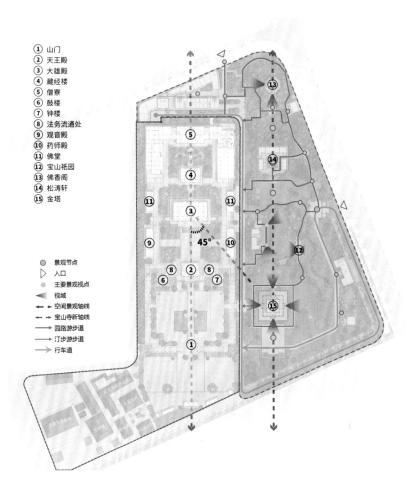

① 山门
② 天王殿
③ 大雄殿
④ 藏经楼
⑤ 僧寮
⑥ 鼓楼
⑦ 钟楼
⑧ 法务流通处
⑨ 观音殿
⑩ 药师殿
⑪ 佛堂
⑫ 宝山祇园
⑬ 佛香阁
⑭ 松涛轩
⑮ 金塔

● 景观节点
▷ 入口
● 主要景观视点
◀ 视域
⬌ 空间景观轴线
⬌ 宝山寺新轴线
⟶ 园路游步道
⟶ 汀步游步道
⟹ 行车道

图2-4-9 游览路线平面图

祇园内的景观布局主要以金塔为中心展开，从南向北中轴线依次布置有金塔、水心榭、松涛轩、佛香阁和妙喜亭，山水造景呈组团化布置穿插其中。另有管理楼、会心处、桥亭、公厕、东门、北门等单体建筑，其中除管理楼、功德堂、公厕和素面馆为混凝土建筑外，其余建筑均采用非洲红花梨纯木建造。

金塔坐落于中轴线最南端，与宝山寺伽蓝院落中的大雄殿呈45°，两者遥相呼应（图2-4-10）。金塔是祇园景观建筑的最高点，亦是园中最重要的建筑，更是宝山寺建筑群的重要组成部分，对寺院建筑组群及园林景观均起到统领作用。游人入园之后，塔影忽隐忽现，使园林平添无穷景色（图2-4-11～图2-4-12）。登塔远眺，可俯瞰全园及园外景色，金塔也成为罗店老街街区的新地标。（图2-4-13～图2-4-15）

水心榭三面临水，榭者，藉也，藉景而成者也。主体建筑通过回形游廊衔接，游廊外以梁、柱凌空架设于水面之上形成平台，临水侧设有低平栏杆，可供游人休憩、眺景，内可欣赏院落美景，外可远眺粼粼水面（图2-4-16、图2-4-17）。整个水心榭高低错落的优美影像倒映于一池碧水中，如镜花水月，正是对佛经世界中所描绘的极乐净土的绝佳写照，恍如敦煌壁画的立体版。（图2-4-18～图2-4-20）

图2-4-10　**大雄殿与金塔遥相呼应**

图2-4-11 金塔半鸟瞰

图2-4-13　站在金塔上看钟鼓楼及大雄殿

图2-4-12　从大雄殿广场前看金塔

图2-4-14　站在金塔上远眺练祁河

图2-4-15　站在金塔上看水心榭

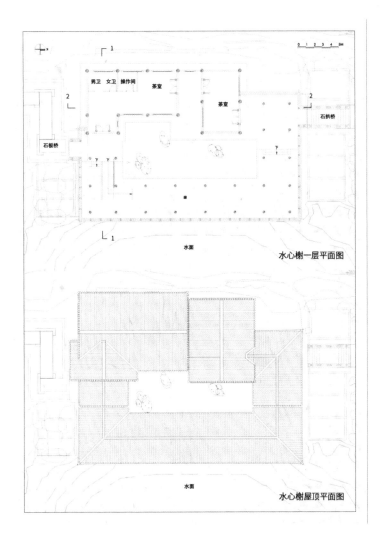

图2-4-16　水心榭平面图

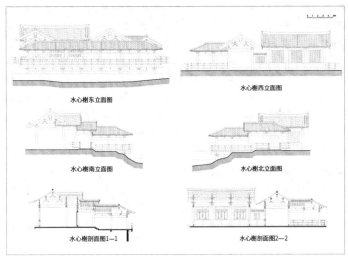

图2-4-17　水心榭剖面及立面图

图2-4-18　水心榭实景图

图2-4-19　水心榭与金塔实景图

图2-4-20　透过桥亭看水心榭

　　水心榭东侧设置有1 000多m²的人工湖，湖水引自场地南侧的练祁河。为了分隔水面，设计桄桥、廊桥两处互为因借（图2-4-21、图2-4-22），使得水面有分有合，辅以叠水瀑布增添灵动氛围（图2-4-23）。在堆山之上建造的佛香阁，与金塔形成对景，一南一北成就祇园的中轴线。（图2-4-24、图2-4-25）

图2-4-21　桄桥实景图

图2-4-22　廊桥实景图

图2-4-23　叠水瀑布

图2-4-24　佛香阁与金塔实景图

图2-4-25　东视角看佛香阁

佛香阁的"佛香"二字源于佛教对佛的歌颂，其平面采用正八边形，主体为重檐攒尖楼阁式建筑（图2-4-26）；顶部装饰有金色宝顶（图2-4-27）。上层平面较下层内收，采用平坐作为中间转换层；屋面下阑额之上放置普拍方，在其上再架设斗栱，其中上檐使用较为复杂的六铺作单杪双下昂斗栱，中间平坐处较为简洁采用四铺作单杪斗栱，下檐斗栱较上檐减少出挑，使用五铺作单杪单下昂斗栱，建筑整体富有节奏变化。补间均采用斗子蜀柱加以支撑。二层栏杆用斗子蜀柱承盆唇寻杖做法，转角处，横向构件向外出挑，极为美观。（图2-4-28）

佛香阁西侧有一小径（图2-4-29），拾级而上，所见之处，晴川叠翠，花草秀美，佛香阁飞悬于半空，加之园中山石奇巧，整体看来就是一幅意境悠远的美图。

松涛轩位于水心榭南面的花木深处，环境清幽，供游人休息及作为佛事展览之用（图2-4-30）。松涛轩为一四合院式建筑，正房居中为主展厅，两侧分别为库房、茶水间等服务房间，东、西厢房为副展厅，各单体向内以敞廊相连，围合成庭院（图2-4-31~图2-4-33）。主堂广三间、深二间，堂前有廊与两侧廊相通，柱列为身内单槽，梁架分别施乳栿及四椽栿，斗栱则采用六铺作单杪双下昂。围廊位置采用把头绞项造承乳栿上置叉手，再承脊檩，构件叠放极为清晰。外墙设窗，均采用具有唐代建筑典型特征的直棂窗，分间设置，既统一又美观（图2-4-34）。

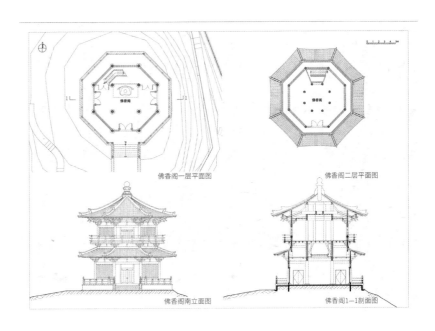

佛香阁一层平面图　　佛香阁二层平面图

佛香阁南立面图　　佛香阁1—1剖面图

图2-4-26　佛香阁平面图、立面图、剖面图

图2-4-27　金色宝顶

图2-4-28　二层平坐实景图

图2-4-29　西侧小径

图2-4-30 松涛轩实景图

图2-4-31 四合院式建筑实景图

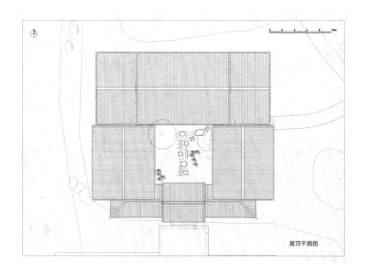

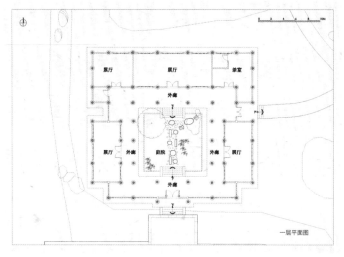

图2-4-32　松涛轩平面图

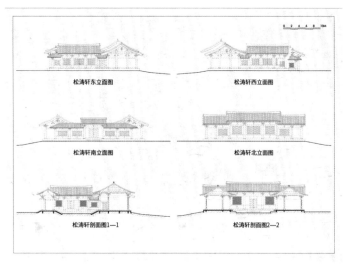

图2-4-33　松涛轩立面及剖面图

图2-4-34　松涛轩与金塔实景图

　　管理楼（图2-4-35、图2-4-36）、功德堂（图2-4-37）、公厕，均为仿唐建筑，一至三层钢混框架结构，悬山顶，外立面以实木仿唐门窗装饰。

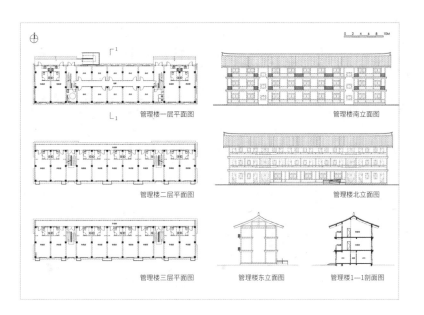

图2-4-35　管理楼平面、立面及剖面图

图2-4-36　管理楼实景图

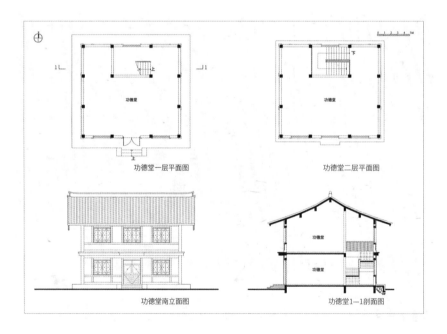

功德堂一层平面图　　　　　　　功德堂二层平面图

功德堂南立面图　　　　　　　功德堂1—1剖面图

图2-4-37　功德堂平面、立面及剖面图

东门入口有迎客屏风，沿假山汀步转到廊桥处，豁然开朗，迎面而来的是一片大水面，经过开—抑—开的空间过程，完成从都市到园林净地的转变。（图2-4-38~图2-4-41）

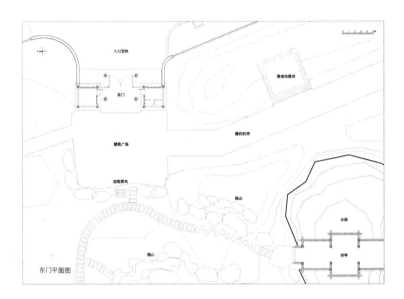

图2-4-38 东门平面图

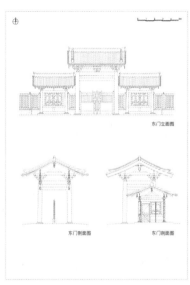

图2-4-39 东门立面及剖面图

图2-4-40 东门正立面实景图

图2-4-41　东门广场实景图

桥亭架设于水面之上（图2-4-42），宽三间，深一间，四面开敞，不设门窗（图2-4-43、图2-4-44）；中间一间为重檐亭式建筑，较两侧廊式部分为高；一层檐以上为平坐，周圈用栏杆装饰围合，向内退进为桥亭的二层部分，柱间装饰有窗，顶为四坡攒尖式样，上有宝顶装饰其上。（图2-4-45）

天心亭平面为正方形，四角立柱，上架有阑额，其上再置斗栱及木枋等承托屋面椽、飞，而后覆瓦，为攒尖形式，较为素朴。（图2-4-46、图2-4-47）

茶室三面围合，一面敞开，屋面采用悬山顶做法，中间屋面三间高起，两侧屋面略低，形成主次分明、高低错落的节奏感，其他部位不做过多装饰，极为简洁。（图2-4-48）

祇园全部建成后与宝山寺主院结合成为完整的唐代建筑艺术的博览园，游客沿园内回游式路径漫步，山峦攒簇、曲水环流；树木参天、青草披地；殿阁扶疏、金塔凌云。步移景换，树木、石山流水、仿唐建筑，宛如一幅幅山水卷轴展现在眼前。建筑群与自然水乳交融而成最美的风景，充分展现了伽蓝布局的魅力；身处其中的朝圣者，宁静、平和，从格物中体悟到永恒的境界。

图2-4-42　桥亭、金塔与水心榭
实景图

图2-4-43　桥亭面阔三间

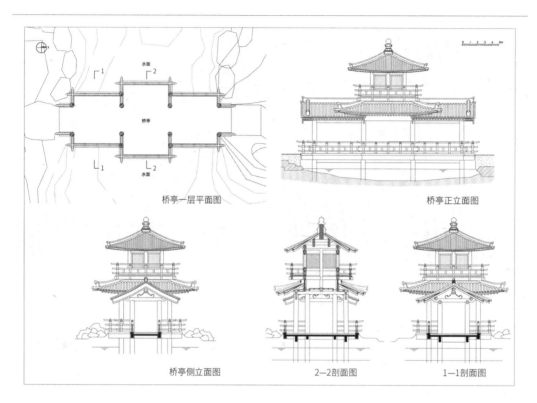

图2-4-44 桥亭一层平面图、立面图、剖面图

图2-4-45 宝顶装饰

图2-4-46 俯瞰天心亭

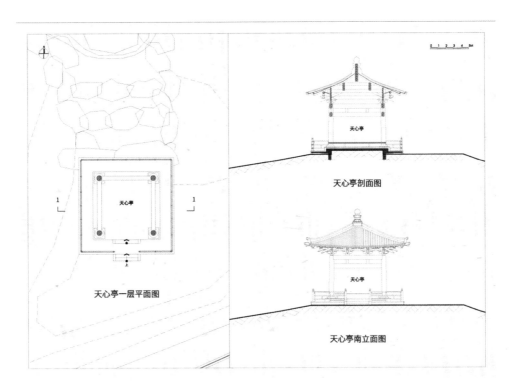

图2-4-47　天心亭一层平面图、立面图、剖面图

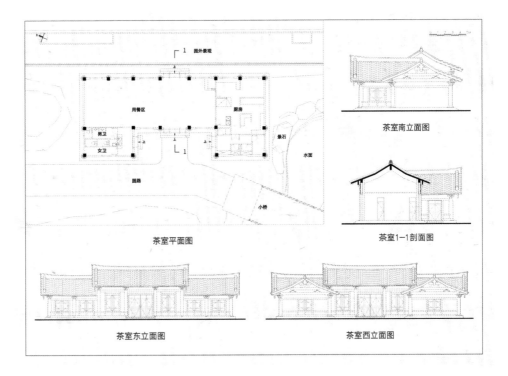

图2-4-48　茶室平面图、立面图、剖面图

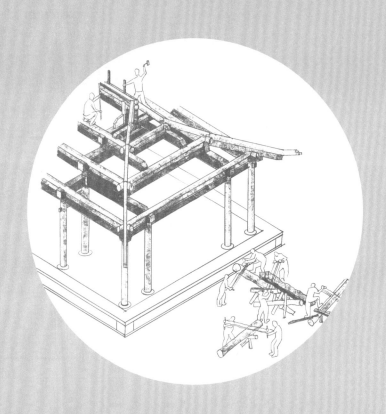

第三章　营造的故事

宝山寺是以唐代遗存建筑为蓝本、以传统营造技艺建造的寺院，规划布局、设计形制、装饰风格均以唐、宋法式为规范；施工方式则采用了传统木结构营造技艺，其建造过程体现了保护世界遗产原真性和完整性这一基本准则，既采用了传统的建筑材料——木材，又尽量将中国传统的古建筑施工技法应用在整个施工过程中；从建筑台基施工到屋面瓦作辅作，从室内装修到布景造园，都体现了中国传统工艺的精湛和美学。（图3-1-1）

如前章所述，中国传统木结构建筑自下而上分为三大部分，即台基（石作为主）、屋身（大木作为主）、屋顶（瓦作等），以下按照自下而上的顺序分别展述其营造技艺的流程与做法。

第一节　台基工程

从古建筑的特征"屋有三分"之说，可以清楚地知道台基是为古建筑三段式中最底下的一段，类似建筑的基座一样，将建筑的屋身、屋顶承托其上。台基是建筑的重要组成部分，通常用以调节室内外地面高差以隔绝水汽、坚固基础，营造安全干爽的活动空间，因此在建筑营造活动中，多不吝工本对台基进行建设，以确保建筑的长久稳固与耐用。

图3-1-1　宝山寺营造全图

一、基础施工

自然土质通常不足以承受来自建筑的荷载，需进行加固处理。唐宋时期，基础的夯筑材料除黄土外开始掺入碎砖瓦、石渣等。除广泛使用的夯土外，也出现了土与碎砖瓦、石渣等各层相间铺筑的基层。在宝山寺的地基施工中，采用了自然土壤和石灰组成的灰土，对自然地基进行人工夯筑。土壤和石灰是组成灰土的两种基本成分，最佳石灰和土的体积比为3∶7，俗称"三七灰土"。石灰多选用磨细生石灰粉，或块灰浇以适量的水，经放置24小时成粉状的消石灰。夯打时以石制品或者碱（一种熟铁制品）作为夯实工具，众人似抬轿一般，同时抬起、落下，每夯各叠压半部，横纵成排。（图3-1-2）

图3-1-2　古代匠人夯实地基

二、台基

基础夯实后，就可以砌筑建筑的基座部分，宝山寺基座采用条石或条砖垒砌，尺寸根据上部殿堂的面宽和进深加上阶头来确定（图3-1-3～图3-1-5）。阶基可用石块或条砖垒砌，建造时，角柱用在殿阶基的四角，其上安置角石，四周采用叠涩座，上施压阑石，下施土衬石；叠涩各层上下出入五寸，称为"露棱"；束腰高一尺，使用隔身版柱、壶门造装饰（图3-1-6）。

图3-1-3　台基砌筑

图3-1-4 建设中的大雄殿台基

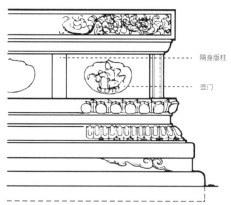

隔身版柱

壶门

图3-1-6 须弥座台基

图3-1-5 建成后的大雄殿台基

三、地面与栏杆

地面铺砌需"磨面""斫边""斫棱"以保证外观密实平稳。首先"磨"面，是以两砖露明面相合对磨，要求砖面平整无痕；再是"斫"边，即砍砖的四边，并用曲尺校正，要求各砖面方正无斜，砖角呈直角；最后是"斫"棱，使四个侧面稍呈下斜面，以便能填充黏结材料，又可保证外观密缝美观。

铺地类似于结瓦，行列位置需事先经营，才能依线铺砌，排出"好活"。现在很多经验和方法，如墙面弹墨线、正中栓十字线、墁地"冲趟""样趟"等，都是古早时期传承下来的（图3-1-7）。铺砖的基本工序大致是：首先在地面上"拽堪"方砖，确定每行位置和分区位置，然后铺砌方砖。可分区铺砌，亦可同时进行；每区可先铺砌四边方砖，

图3-1-7 **古代工匠们工作的场景**

使之与柱础石上皮齐平，再以边砖为挂线的基准，继续铺砌。整个施工过程，参照传统营造技法，由匠人精心制作，完整记录技术档案，为后续对传统技艺的研究打下坚实的基础[1]。（图3-1-8）

①
世良法师. 宝山寺唐式木结构建筑营造技艺——上海市非物质文化遗产代表性项目申报书. 2017.

图3-1-8　铺作准备石材现场

栏杆的功能主要为防护安全并兼具装饰美观。建筑根据室内外高差的变化确定设置栏杆与否，内外高差较小，危险性也较小，多不设置栏杆；建筑内外高差大者，从安全的角度考虑多须设置；栏杆多设置在台基边缘位置，在地面之上安装地栿，其上再安装竖向的望柱和横向的寻杖扶手等构件，因宝山寺建筑多采用木材搭建，所以大雄殿、藏经楼、金塔、佛香阁等建筑周边的栏杆也多采用木材制作，且都选择寻杖栏杆的样式，不同之处在于大雄殿周围的栏杆在横竖向构件之间采用实心的木板装饰（图3-1-9），其他建筑的栏杆多采用透空的样式（图3-1-10～图3-1-12）。

图3-1-9　大雄殿栏杆

图3-1-10 藏经楼栏杆

图3-1-11 金塔栏杆

图3-1-12　佛香阁栏杆

第二节　屋身工程

一、大木作制度

　　大木作一般指木结构建筑中用来承重的部分，不仅是传统建筑营造的核心技艺，其造价也是房屋投资建设成本中最大的部分。一栋完整的木结构建筑骨架，是由大量的木构件拼装而成的。大木作主要有以下构件：拱、飞昂、爵头、枓、梁、阑额、柱、阳马、侏儒柱、栋、枋、椽、檐等。各类构件的功能不同，形状不同，在建筑中的位置也不同，构件之间通过榫卯连接在一起，榫卯的形状、大小、相互之间的结合方式也有很多种。因此要将这数以千百计的构件合理地搭建在一起，构建成能够抵御狂风暴雨、严寒酷暑及地震的殿宇，难度和复杂程度是可想而知的，对于古代匠人而言，更加不易（图3-2-1、图3-2-2）。

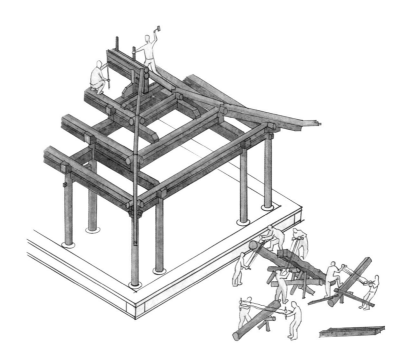

图3-2-1　古代木匠施工场景

图3-2-2　古代木匠处理木材场景

在大型机械被发明前，大宗木料的运输通常采用水运。工匠们在林场附近寻找小山涧，开挖下山沟渠，在雨水充沛的季节，将木料通过山沟渠滑到河道中。木匠们会用绳子和铁链将木料捆成大型木筏，俗称"放排"。"放排"入水后，会有木匠们沿途照看和控制木筏前进。宽阔的水面可以一二十个"放排"连在一起，排越大受到的浮力就越大，由放排师傅掌控方向，过弯时提前用长竹竿拨一下即可，"放排"顺流而下，运输高效成本低。（图3-2-3）

1. 材分制度

早在1000年前的北宋时期，李诫作为当时的学术带头人——将作监（相当于现在的建设部长），组织建筑工匠，深入施工现场，收集了大量资料，对有关做法进行了系统整理和总结，写就了伟大的建筑专著——《营造法式》，全书36卷，357篇，3555条。

其中《卷四·大木作制度一》开篇就介绍了"材"，即"材分制度"（图3-2-4）。这一制度是大木作制度中的根本制度，实际上是一种模度制，即取某一基本单位，建筑物中的其他尺度用此基本单位的倍数表示，类似于西方古典建筑的模数制。房屋建筑的进深、间广、柱高及所有构件的长短和断面均可采用材分制中的材、栔、分来直接或间接度量。

图3-2-3　**木料"放排"运输**

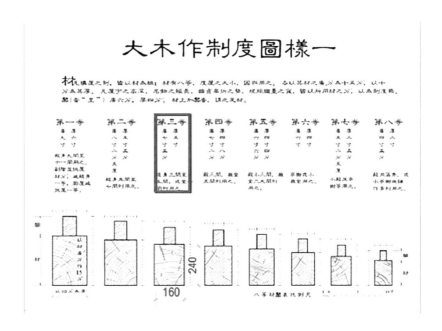

图3-2-4　《营造法式》材分制度

"材分制度"是唐宋建筑营造技艺的精髓，是最能反映唐代建筑营造技艺思想和水平的成就之一，并对整个木结构体系具有决定性影响。"材，栔，分"成为建筑最基本的模数单位，无论是建筑立面中的墙身、辅作及屋顶之间的比例，还是构架中斗、栱或昂的详细尺寸，都根据其严格的规则和形制来确定，因此创造出了中国古代建筑的优美比例和独特风格。

宝山寺在复建过程中，匠人们根据不同的部位首先确定材的尺寸，而后使其作为模数，按一定的比例关系确定柱、梁、椽和开间、进深、柱高、举折等建筑尺度，即所谓"凡构屋之制，皆以材为祖""凡屋宇之高深，名物之短长，曲直举折之势，规矩绳墨之宜，皆以所用材之分，以为制度焉"。从而将整个建筑物的所有构件组成为一个有着内在高度统一性的结构系统，正是这些精致的比例关系孕育出了恢宏大气又不失精美的唐代建筑风貌。[1]（图3-2-5）

宝山寺建造过程中，业主、设计方与施工单位三方，每周举行现场例会，处理不断出现的新问题。当时施工单位的匠人们虽然都参与过江南古建筑的施工，但是对大型唐风寺院建筑的建造没有任何经验。以大雄殿为例，施工过程中最初遇到的难题是斗栱放大样。由于古建筑屋顶起翘，每个斗栱的每个部件的尺寸和角度都不相同，对于当时已经使用计算机制图的设计师来说问题不大，但是从施工的角度，木材珍贵，一

①
刘敦桢. 中国古典建筑史[M]. 北京：中国建筑工业出版社，2005：243.

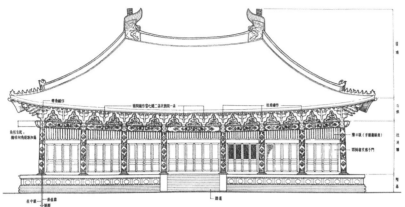

①
刘敦桢. 中国古代建筑史[M]. 北京：中
国建筑工业出版社，2005：243.

图3-2-5 《营造法式》中国古建筑
立面①

点错误就会造成巨大的损失，各方研究决定先进行1:1放大样，匠人们
将立体斗栱的各个面展开，以1:1的比例放大到胶合板上，再按照图样
施工，保证了木材的最高利用率（图3-2-6～图3-2-8）。

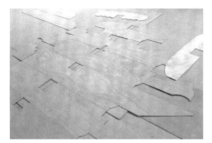

图3-2-6 1:1放大样（1）

图3-2-7 1:1放大样（2）

图3-2-8 1:1放大样（3）

2. 柱作

柱在古建筑和现代建筑中都有举足轻重的作用，在《营造法式》中对柱也有较多的描述。按断面的形状主要可以将柱分为两种：圆柱和方柱。现存古建实物中多为圆柱，而现代木结构则以方柱多见。现存古建中还有八角柱，如江苏苏州玄妙观三清殿的前檐柱；以及蒜瓣柱（即瓜楞柱），如浙江宁波保国寺的柱。其中圆柱又可按加工程度分为两种：直柱和梭柱。

以圆柱加工为例，柱的加工并不是直接抛光成圆形木料，而要经过多重工序。第一步工序就是弹线：木匠根据图纸，在圆形木料表面画出参考线，而后用大号工具将木料切割成长方体，使用中号工具进行进一步加工，将长方体切割为六边形。接着细化外形，将木料由六边形切为八边形。以此类推，使用手锯等小号工具不断将木料细化到十二边形，最终切割为光滑、整齐的圆形柱子。（图3-2-9、图3-2-10）

宝山寺业主当时以非常有限的募集资金去东南亚采购主材，但当时因东南亚过度采伐，能满足大殿主材尺寸的木材数量已经非常稀少了。而世良法师十分重视木材的品质，故转而采用非洲产品质更佳的红花梨木为主材，不妥协、不放弃。采购回来的木材切开时呈鲜红色，之后颜色慢慢变深至褐色，当时施工现场刨下的红色木屑铺满工作场地，非常震撼（图3-2-11、图3-2-12）。这也给了设计师和施工单位一定的压力，相关人员将每个子项进行出图后都另附着一张材料表，详细统计每个构件的尺寸和数量，保证材料的最大利用率，不造成浪费。

图3-2-9 柱的加工

图3-2-10 加工后的柱子

图3-2-11　宝山寺场地中堆放的非洲红花梨木　　　图3-2-12　红色木屑铺满场地

3. 柱高与檐高的确定

在传统建筑中，柱高是指檐口平柱柱顶距台明地面的高度，用"h"表示；檐高是指橑檐枋上皮距地面的高度，用"H"表示（图3-2-13）。

在《营造法式》卷五："若厅堂等屋内柱，皆随举势定其短长，以下檐柱为则。（若副阶廊舍，下檐柱虽长，不越间之广）"。《营造法式》建议，柱高不应大于开间的宽度。这既是出于建筑功能的考虑，又是建筑美学的要求，建议柱高与间广之比宜控制在1∶1左右。

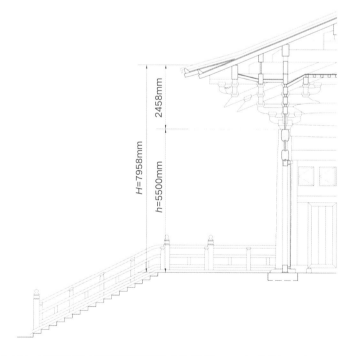

图3-2-13　上海宝山寺大雄殿剖面细部图（H=7958mm，h=5500mm）

宝山寺大雄殿心间间广为5.8m，次间间广为4.5m，梢间间广为4.0m，柱高为5.5m。明间柱高与间广之比为5.5：5.8≈1：1，符合《营造法式》制度中相关要求，由于次间和梢间间广依次减少，其高广比略有偏差。柱高确定后，接下来就要确定檐高了，唐宋建筑以斗栱硕大、出檐深远而为人称道。采取什么样的檐口高度才能完全体现出建筑的"翼飞之势"及"雄浑古朴"之感？根据研究成果可知，遗存唐宋建筑的檐高与柱高间的比例均处于1.35～1.55，结合这一数据，综合整体设计，大雄殿檐高H的设计值定为7.958m。

4. 杀梭柱与月梁制作

"卷杀"是古代木构中将建筑构件按准确的几何方法制作从而取得艺术效果的重要手段。"梭柱"与"月梁"就是运用"卷杀"制作而来的。

杀"梭柱"，即将柱子上、下1/3段渐收，使柱子形成中间粗、两端细的梭形。杀"梭柱"时，柱头须宽出栌斗底4份。其外部分，均分成里、中、外3份。柱子的上1/3段亦均分成上、中、下3段。杀梭柱时，先去掉柱子上1/3段全部的最外侧一份。再去除柱子上1/3段的中、上段的中份。然后，去掉柱子上1/3段上段的里份。最后，用刨子将上段顶部4份长度，与柱头顶宽出栌斗底的4份部分，做成覆盆状，使得顶部尺寸与栌斗底同。（图3-2-14～图3-2-17）

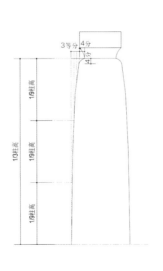

梭柱示意图

图3-2-14　梭柱示意图

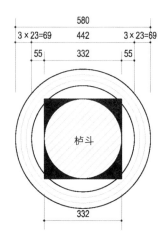

《营造法式》柱头卷杀　单位：mm

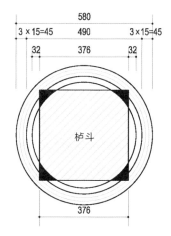

宝山寺柱头卷杀　单位：mm

图3-2-15 《营造法式》与宝山寺数值对比

《营造法式》与宝山寺数值对比表

数据来源	栌斗底广 / mm	接触面积 / mm²	悬空面积 / mm²
《营造法式》	332×332	86 570	23 654
宝山寺	376×376	132 250	9 126
差值		45 680	-14 528

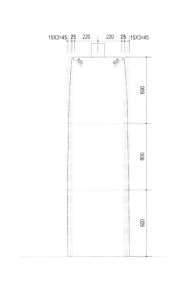

宝山寺柱头卷杀　单位：mm

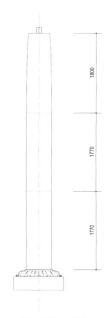

宝山寺梭柱　单位：mm

说明：
1. 柱高h=5500—160=5340（mm）（160为柱础高）
2. 分三段：5340=1800+1770+1770（mm）（近似分为三等分）
3. 柱头分三段：1800=600+600+600（mm）

图3-2-16 宝山寺梭柱与柱头卷杀

图3-2-17 宝山寺柱子顶端卷杀处理

"月梁"则是将梁的两端加工成上凸下凹的曲面，使其向上微成弯月状（图3-2-18）。同时月梁的侧面也加工成外凸状的弧面，寓力量、韵味于简朴的造型之中，其形式既与结构逻辑相对应，又具明显的装饰效果，使室内一层层相互叠落的梁架不但不让人觉得沉闷、单调，反而有一种丰满、轻快之感。

5. 柱侧脚与生起

唐代营造风格在主要殿堂建筑之外的建筑细部上也不无体现。建筑正、侧面各柱的柱脚略向外侧，柱头向内倾斜，称为"侧脚"。而柱高度由明间向两端依次升高，至角柱为最高，称为"生起"。侧脚和生起这两种做法除其结构意义外，在造型上主要是为了矫正视觉误差，增加屋身的稳定感和轻快感，达到中国古建筑的装饰与结构的完美统一。此外，角柱的截面沿高度变化，柱脚截面最大，往上则外边内缩。这种做法可使木柱呈现柔曲之美感。

柱生起尺寸表

制式	十三间殿	十一间殿	九间殿	七间殿	五间殿	三间殿
宋尺	一尺二寸	一尺	八寸	六寸	四寸	二寸
公制	384mm	320mm	256mm	192mm	128mm	64mm

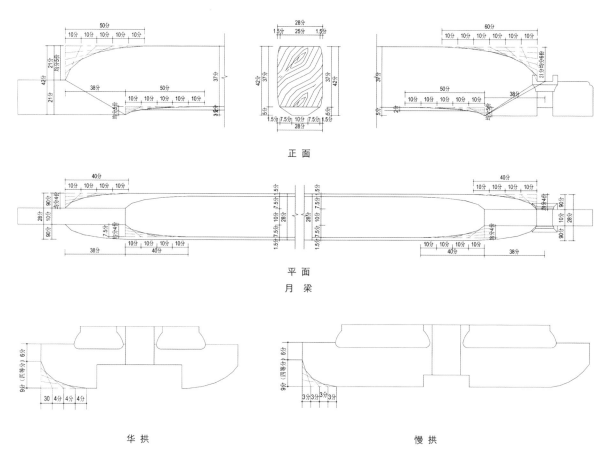

正 面

平 面

月 梁

华 拱　　　　　　　　　　　慢 拱

图3-2-18　月梁、斗栱示意图

6. 铺作

铺作，狭义说的是指斗栱，是所在位置不同的单组斗栱，或说一朵斗栱；广义说的是指斗栱所在的结构层——铺作层。此外，铺作也指斗栱类型，斗栱出一跳谓之四铺作，出两跳为五铺作，出三跳为六铺作，以此类推。

"斗栱"是中国传统营造技艺中最具特色的部位，施工时需根据斗栱各分件尺寸，做出一套样板，试组装无误后，才能成批制作（图3-2-19）。斗栱按种类，可分为华栱、泥道栱、瓜子栱、令栱、慢栱等。昂分上昂、下昂。斗分栌斗、交互斗、齐心斗、散斗等。铺作即斗、栱、昂、爵头等之组合的总称。施工时，根据斗、栱各分件尺寸，首先制作出一套样板。依样板在加工好的规格木料上画线，以锯解斗栱各个分件，然后将各个部件刨削平整。较复杂的斗栱，宜先试做一

①
中国建筑学会. 建筑设计资料集（第1分册）建筑总论[M]. 3版. 北京: 中国建筑工业出版社, 2017: 434.

朵，组装无误后，再成批画线制作。普拍方安装平正后，校直顺身中线，排好斗栱中距，在普拍方上点画出每朵斗栱的十字中线。"草验"斗栱各分件，按朵临时捆绑固定后，运至安装现场。在普拍方斗栱中心上栽好暗销，安装栌斗。斗底十字线须与普拍方上十字线对正对齐。然后在栌斗上安装泥道栱，并搭扣安装头跳华栱。在栱两端分别用暗销安装小斗。向上逐层按山面压檐面作法交圈安装斗栱，各层相同构件应出进、高低一致。同时安装其他枋、栱等构件。（图3-2-20～图3-2-24）

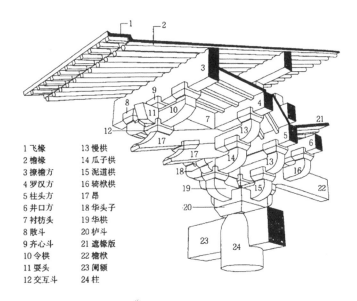

1 飞椽	13 慢栱
2 檐椽	14 瓜子栱
3 撩檐方	15 泥道栱
4 罗汉方	16 骑栿栱
5 柱头方	17 昂
6 井口方	18 华头子
7 衬枋头	19 华栱
8 散斗	20 栌斗
9 齐心斗	21 遮椽版
10 令栱	22 檐栿
11 耍头	23 阑额
12 交互斗	24 柱

图3-2-19　斗栱组装示意图①

图3-2-20　坐斗开榫

图3-2-21　散斗开榫

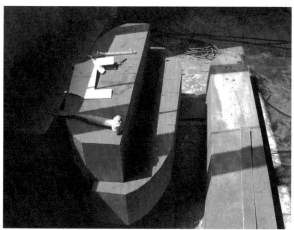

图3-2-22　华栱1（未开榫）

图3-2-23　梁枋开榫

图3-2-24　华栱2（已开榫）

二、大木构架安装

　　大木构架的安装是整个木结构营造过程的重要阶段，各木构件按照模数预先制作完备，运至现场后进行组配、安装。总体安装顺序自下而上进行，首先是将柱下的石柱础（图3-2-25）安放至台基或台基内的结构上（图3-2-26），然后在柱础以上安装主体大木构架。下面以宝山寺大雄殿为例介绍木结构建筑大木构架的安装。

　　首先从当心间开始立柱子，依次向次间、梢间及室内递进，立柱时要勤校勤量，吊直拨正，中中相对，高低进出一致，立柱的过程中要采

图3-2-25 石柱础

图3-2-26 安放柱础

用戗杆、支杆对木柱进行临时支顶，在施工操作空间内要同时进行脚手架的搭设，以便于向上施工和后续操作，立柱立齐后，再次验核尺寸，进行"草拨"，并掩上"卡口"，固定好节点，然后支撑好迎门戗、龙门戗、野戗及柱间横、纵方向拉杆。立架完毕后，要在野戗根部打上撞板、木楔，并用灰泥糊好标记，以便随时检查下脚是否发生位移。待柱和额、枋安装完成后（图3-2-27、图3-2-28）再进行以上斗栱及屋面木结构的安装。

斗栱安于柱顶之上，最先安装栌斗（图3-2-29），斗上承托以上栱、昂构件，柱头铺作（图3-2-30）在纵横两个方向搭、安构件；而转角铺作（图3-2-31）除纵横两个方向外，在斜向也安装栱、昂是其独特之处，在柱顶斗栱安装的同时也进行补间铺作的安装（图3-2-32），以便于斗栱层构件搭接咬合严密。

图3-2-27 大木安装——立柱

图3-2-28 柱、额、枋搭建完成

图3-2-29　栌斗安装

图3-2-30　柱头铺作安装

图3-2-31　转角铺作安装

图3-2-32　补间铺作安装

由于斗栱内第二道华栱与乳栿一起制作连为一体，构件整体尺度较长，重量也较重，使用设备吊装能节省许多人力，施工也更加便利，所以柱头以上较大构件如梁（栿）、枋、昂等的安装均采用了机械设备进行吊装（图3-2-33～图3-2-35），使得项目进展速度得到了很大提高；在安装过程中，乳栿与内槽梁栿、柱头斗栱交会于一处（图3-2-36～图3-2-38），各构件采用榫卯搭接，虽然木结构允许有一定的位移和误差，但是在施工过程中工匠师傅仍按照职业的"准绳"进行反复校准、对中，确保各构件对齐、严丝合缝；因为内部的四椽栿在空间高度上要比外圈的斗栱和乳栿高，所以在建筑外围斗栱、梁栿安装完毕后再安装内部的四椽栿（图3-2-39）。

图3-2-33 柱头以上大木构件使用设备吊装

图3-2-34 斗栱构件吊装现场（1）

图3-2-35 斗栱构件吊装现场（2）

图3-2-36 乳栿与内槽梁栿安装（1）

图3-2-37 乳栿与内槽梁栿安装（2）

图3-2-38 乳栿与斗栱安装节点

图3-2-39 四椽栿安装

在乳栿、四椽栿安装完毕后，在其上的室内空间安装一层水平的平闇天花（图3-2-40），平闇安装先将纵横木枋搭成小方格，最后再放置小块的木板装饰成完整的天花；待平闇纵横木枋安装完成后继续安装檐下斗栱构件——下昂（图3-2-41），昂向外向下悬挑，向内向上延伸，与平闇天花木枋咬合搭接，在第一根下昂安装好后在其上继续安装斗和栱（图3-2-42），以便继续安装上面一层的昂和剩余的斗栱构件，在昂的尾部用梁栿（图3-2-43）施压，使得斗栱内外平衡、整体稳定。

图3-2-40　平闇天花安装

图3-2-41　柱头铺作下昂安装现场

图3-2-42　柱头铺作下昂上安装斗和栱

图3-2-43　昂尾部安装梁栿

在斗栱及梁栿安装完毕后，即可继续向上安装叉手、蜀柱、桁条等大木构件。由于屋面高度较高，靠人力运料多有不便，上部大木构架构件仍然采用吊车吊装（图3-2-44），先将叉手和蜀柱安装到位（图3-2-45），校准榫口后将素枋装进榫口落实至底部（图3-2-46），最后将制作好的，写有"风调雨顺、国泰民安"等字样的桁（槫）（图3-2-47）吊装到位，安装落实，整个建筑的主体大木构架安装完毕，此刻也是整个建筑主体落成，值得庆贺的时刻。在传统的建筑工程实践中将脊桁（槫）的安装称为"上梁"，宝山寺大雄殿在上梁（图3-2-48）的时候举行了隆重的仪式。

图3-2-44 **大木构架吊装**

图3-2-45 **叉手和蜀柱安装**

图3-2-46 **素枋安装**

图3-2-47 **桁（槫）**

图3-2-48　大雄殿上梁仪式
（2007年1月2日）

第三节　屋顶工程

一、屋面营造

中国古代传统建筑屋顶被称为中国建筑的第五立面，就建筑单体看来，大屋顶轻逸俏丽，飞逸流韵；若看成片的古建筑群，第五立面屋顶更能凸显出中国古建筑的震撼之美。传统屋顶样式多种多样，如硬山、悬山、歇山、庑殿等，其屋面前后双坡均呈现一种越往上越陡峭、越往下越和缓的曲线形式，称为"凹曲"或"反宇"。匠人们通过举折之制，将屋面分成坡度不同的多段折线，来实现屋面的这种凹曲。

1. 举折之制

"举折"是屋面坡度的构造方法，屋顶的轻盈和起翘就是利用了"举折"的放坡形制。举折之法早在《周礼·考工记》中就有"葺屋三分，瓦屋四分"的记载。早在半穴居时期，"举""折"两种做法就已产生，隋唐时期"举折"已发展到成熟阶段。北宋时期，李诚将"举折"做法进一步提升，形成制度，写入《营造法式》。

"举"是指由檐檩至脊檩的总高度，"折"是指用折线去确定由檐檩至脊檩的各檩高度的方法（图3-3-1）。一般做法是先确定举高，体量较大者举高为普通进深的1/3，较小者为1/4，然后作檐檩至脊檩的连线，即为总坡度线；继而由上至下再定出各檩的高度，具体的算法为：

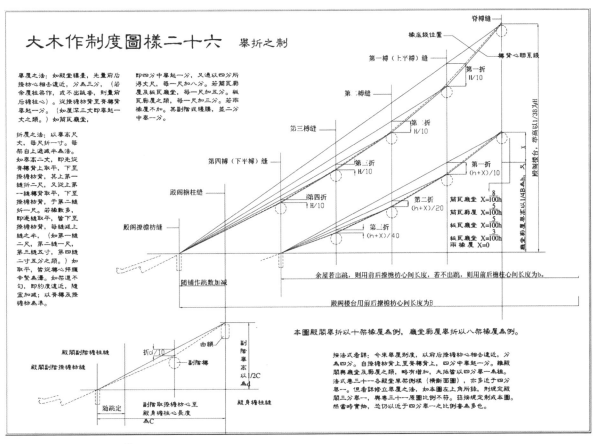

图3-3-1 屋面举折示意图[1]

靠脊檩的下一檩的高度由总举线下降总举高的1/10，作此檩与檐檩的连线，即为第二坡度线。再下一檩又从第二坡度线下降总举高的1/20，再作连线，再往下则下降上一坡度线的1/40、1/80……直至脊檩，最后形成一条上陡下缓的屋面曲线。

2. 推山与收山

"推山"是在庑殿顶将屋顶正屋脊向两侧山面延长，以矫正透视错觉中正屋脊缩短的感觉，由于正脊两侧延出，使原来屋盖平面投影呈45°斜线的四条戗脊向两山外弯曲后再相交于正脊，从而使戗脊从任何角度观看都是一条曲线（图3-3-2）。与庑殿的推山相对，歇山式屋顶则将两侧山花自山面檐柱中线向内收进的做法，其目的是使屋顶不过于庞大，同时也使正脊、垂脊和戗脊呈现更为良好的比例，这就是"收山"。[2]（图3-3-3）

①
潘古西，何建中.《营造法式》解读[M].
南京：东南大学出版社，2017.

②
世良法师. 宝山寺唐式木结构建筑营造技艺：上海市非物质文化遗产代表性项目申报书.2017.

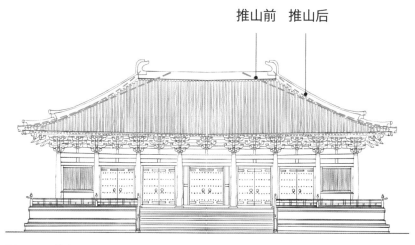

图3-3-2 推山

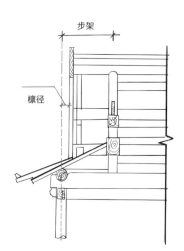

图3-3-3 收山

二、屋面施工

在主体结构大木构架安装完成之后开始屋面的施工，屋面施工先在桁（槫）上固定垂直于桁（槫）的椽子，在椽头固定连檐，连檐呈下宽上窄的梯形，在底下有一定的厚度用以挡住椽子之上固定的望板，连檐顶上凿出与椽子位置对应间隔的榫口（图3-3-4），用以安放、固定上部的飞椽（图3-3-5），飞椽安放落位后要在其上固定一层望板，在飞椽头须再固定一道连檐（图3-3-6），用以遮挡屋面铺瓦的灰、泥、砂浆材料，作为檐口的封边、收口构件。

具体的连檐、椽子、望板的制作，施工细节分述如下。

图3-3-4 安装椽子和连檐

图3-3-5 安装飞椽

图3-3-6 安装望板和连檐

1. 椽子制作

椽子采用断面为圆形或者方形的整根木料，只在檐口位置做细微的卷杀（图3-3-7）处理，其余位置截面和尺寸相同，无特殊之处，只需将木枋按照长度需要截断即可。

飞椽头部和尾部差异较大，头部为方形，尾部侧面为三角形，为了节省用料，一般采用一根两倍余单根飞椽的木枋，在木枋中间约1/3长度位置画上记号，然后将中间1/3段木枋进行对角画线，工匠依据所画墨线将木枋斜向对角锯开，即可获得两根尺寸相同的飞椽。（图3-3-8）

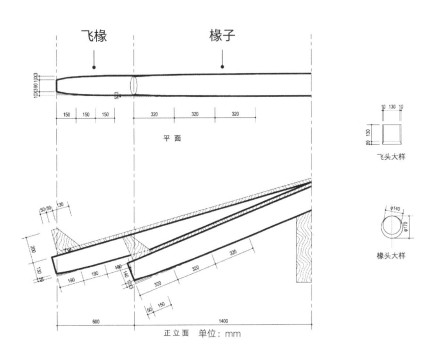

图3-3-7 飞椽制作

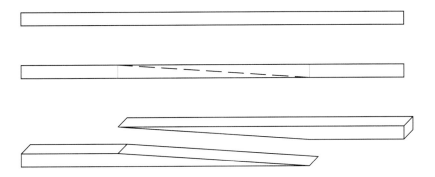

图3-3-8 大雄殿飞椽划线、锯割示意图

2. 连檐制作

制作大、小连檐的方法与制作飞椽的方法类似，大、小连檐断面呈上窄下宽的梯形，下部宽的位置便于固定在椽子和飞椽头部，而上部用于封堵檐口，厚度可以略薄一些。大、小连檐具体施工操作上要复杂一些，首先取规格方正的整条木方，在木枋两端镜像画上窄下宽的梯形（一个方形端面画上两个梯形），然后沿着梯形的斜面将木枋锯成两条相同梯形截面的木枋，小连檐制作至此，即已告成。大连檐还须进行再加工，具体是在对应椽子的位置要刻上槽口（榫口），用于安放固定上部的飞椽，至此大连檐制作才算完毕。（图3-3-9）

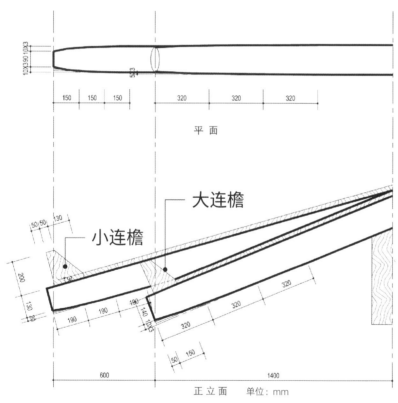

图3-3-9　大雄殿大、小连檐图样

3. 望板制作

望板为铺在椽子、飞椽上的木板，用以承托屋面灰、泥、砂浆等，制作上应将板面刮刨平整，侧面棱角规整即可，讲究者可以将板的侧面拼缝位置参照底板侧面做法，做成企口缝，但是此种做法施工安装较为复杂，一般多不采用。（图3-3-10）

图3-3-10　大雄殿望板制作照片

4. 连檐、椽子、望板施工安装

连檐、椽子、望板等屋面构造，各构件均须先放实样，实样由板材拼合而成，在制作构件或者施工之前根据需要将各构件平面、侧面、断面按需要画至样板上，斟酌构件样式、尺寸、搭接、组合等细节关系。

正身椽子安装相对简单，只需要按照侧面实样，从屋脊至檐口，自上而下的顺序依次安装。安装檐椽时，按设计要求的尺寸，在正身部位两尽端各钉一根檐椽，用木杆校对椽头高低，并在椽头尽端上楞挂线（图3-3-11），中部再钉一两根檐椽，挑住线的中段。然后两人一挡钉椽。在子角梁下皮，距大角梁头向里约2寸处剔凿连檐口子。

闸挡板口子

图3-3-11 施工挂线照片

转角部位椽子的摆放、安装与正身位置相比要复杂很多，一般按照转角的形状，椽子空当的大小，计算确定翼角椽的数量，在实样上摆放，并确定每根翼角椽的位置、长度和尾部宽度，依确定的长度和宽度进行编号，然后将在实样上试摆过的椽子按照对应的顺序安装到建筑本体上。在安装过程中，根据实际情况将椽子、飞子进行截短或者砍削，以利于安放固定。（图3-3-12）

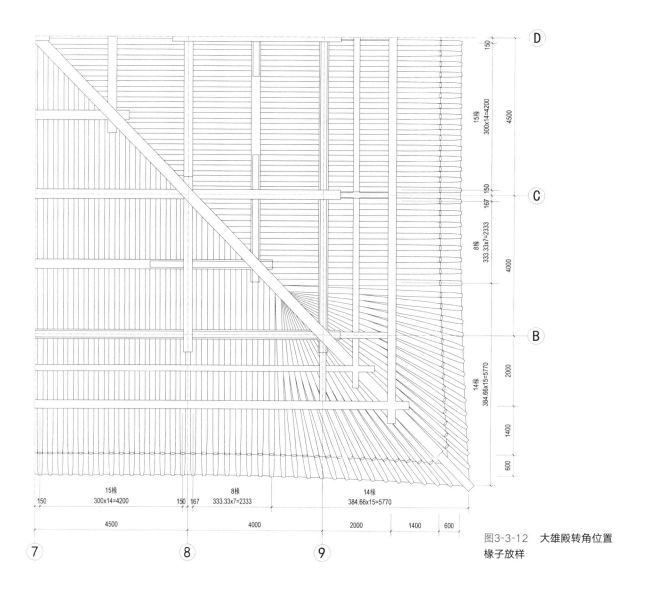

图3-3-12　大雄殿转角位置椽子放样

　　在椽子安装、固定在桁（槫）上后便可以将望板固定在椽子上，在椽头同时安装大连檐，大连檐的安装采用钉子与椽头固定，固定方式比较简便，但是需要注意的是应将大连檐上的榫口与下部的椽子位置对应，以便后续在上部安装的飞子与椽子上下对位。

　　大连檐与飞椽采用槽口、榫卯的连接方式安装，将大连檐正身与椽头钉牢，飞椽外端插入连檐口子内，内端则是用钉子固定在椽子上部的望板上，前后均需要安装钉牢，确保安全。

　　飞椽安装固定后，要在飞椽上部再钉一层望板，加强飞子的整体性，另外在飞椽头上须再固定一道小连檐（图3-3-13），这道小连檐的

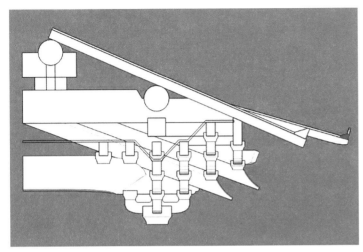

图3-3-13　小连檐

图3-3-14　椽子、飞椽安装完成照片

作用是遮挡屋面铺瓦的灰、泥、砂浆材料，是檐口的封边、收口构件。（图3-3-14）

5. 屋面瓦

宝山寺的屋面瓦均采用产自浙江苍南的唐青瓷瓦。早在明代时，苍南地区便已为宫廷制造贡瓷，并世代传承制瓷的传统工艺，培养出了一代代技艺精湛的瓷匠。唐青瓷瓦以盛唐时期陶瓦的形状及造型艺术，结合传统的工艺和现代的技术，依托当地得天独厚的地理条件，以高岭土为原料，使用无污染的山泉水，历经培土、晒土、闷水、踩泥、做泥墙、瓦坯加工、整形、卸坯、晾晒、装窑等十多道工序（图3-3-15～图3-3-17），经1200摄氏度左右高温烧制而成。成品洁净清雅且质地坚硬、色彩古朴，不施釉、不反光，历时越久，越经日晒雨淋，瓦件的色泽越柔和清亮。

在屋面铺瓦前要进行瓦件试摆（图3-3-18）、调整，确定瓦件的间距，具体的工序严格按照古建筑屋面瓦施工的逻辑，即分中、号陇、挂线、卧瓦、清垄等。卧瓦前，需先以T形铁件，穿过连檐，将其长端固定在望板之上，以防止瓦的重量挤压连檐，造成瓦件滑落。建筑施工时，通常于望板上铺设屋面防水材料，然后在其上抹灰、泥或者砂浆等进行找平，找平以后屋面需要晾干（图3-3-19），待屋面晾干后，再进行坐灰，用泥（或者砂浆）安铺瓦件、垒砌屋脊以及安装鸱尾等屋脊装饰构件。（图3-3-20）

图3-3-15 培土、踩泥

图3-3-16 卸坯、晾晒

图3-3-17 烧制、出窑

图3-3-18 瓦件试摆　　　图3-3-19 铺卧屋面瓦

图3-3-20　完成屋面施工的大雄殿

6. 鸱尾

所有的屋面装饰构件中最值得注意的是位于屋脊两端的鸱尾（图3-3-21），其位置至为重要，在建筑中处于至高点，是屋脊的收头构件，也是整个屋面的焦点。唐代鸱尾的样式较后世鸱尾要简洁雄浑很多，尾部上卷，不做开口，造型曲线非常饱满，面上无甚装饰纹彩，整体姿态与唐代开放、自信的时代特征相合（图3-3-22）。

以上屋面构件按照传统建筑工序施工完成之后，整体屋面工程至此完成，建筑四角会借拆落脚手架的机会，安装上风铃（图3-3-23），以为标志，风铃样貌与洪钟无异，也为铜质，只是缩小了许多，高只有数寸，上书"风调雨顺"等吉祥寄语，无论是"风来"还是"雨来"总能听到风铃传递的清脆、悦耳的讯息。整个建筑在日后的风雨中都需要屋面的庇护，寒来暑往也会将整齐的屋面摧残破损……十数载之后还需对其进行维修、更新。

图3-3-21　鸱尾

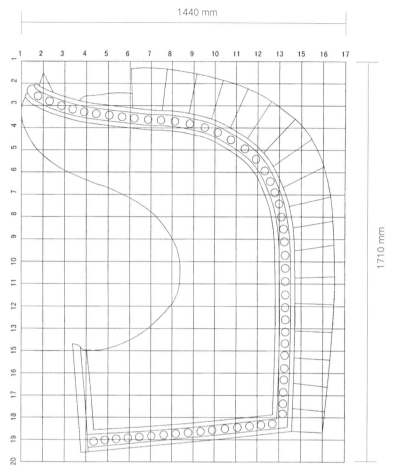

鸱尾大样 1:20

图3-3-22　鸱尾大样

图3-3-23　风铃

第四节 大雄殿装修工程

一、外檐下门窗

两柱之间、阑额之下装有门窗，从敦煌壁画及佛光寺东大殿、南禅寺大殿等唐代建筑遗存可见，板门①、直棂窗②的使用在唐代当属普遍现象，如图3-4-1～图3-4-6所示。板门上有门额、下有地栿，两侧立门框，这便框出了"门面"，板门用木板拼合而成，拼缝处用铜质门钉加固、装饰，上下端也采用草纹铜质件包镶，近人胸前高度设置铜质辅首，既是装饰构件，也可用作敲门钉构件（图3-4-7～图3-4-9）。

窗上有额，下有枋，两侧有框，中间排列有竖向直线形窗棂，用小木枋穿合在一起，此便是直棂窗。光线由棂条缝隙射入室内，形成富有秩序感、细长的光与影，也为室内礼佛空间增添了神秘之感。在窗下部分地栿与枋之间填充拼合木板，板缝严密、经久耐用。（图3-4-10、图3-4-11）

①
板门是一种用木板实拼而成的门，用作宫殿、庙宇的外门，有对外防范的要求，所以门板厚达1.4~4.8寸（视门高而定），极为坚固，也很笨重。门扇不用边框，全部用厚板拼成，各板之间须用硬木"透栓"若干条贯串起来，以保证门扇连成一个整体。直至明清，城门仍用此法。

②
直棂窗有两种：一种是"破子棂窗"，即将方木条依断面沿斜角一剖为二，砍成两根三角木条做窗棂，三角形底边平的一面向内，可供糊纸；另一种是"板棂窗"，即用板条做棂子，内外两侧均为平面。

图3-4-1 **敦煌壁画**

①
图片来源：微信公众号"星球研究所"。

图3-4-2　南禅寺大殿实景图^①

图3-4-3　佛光寺东大殿实景图

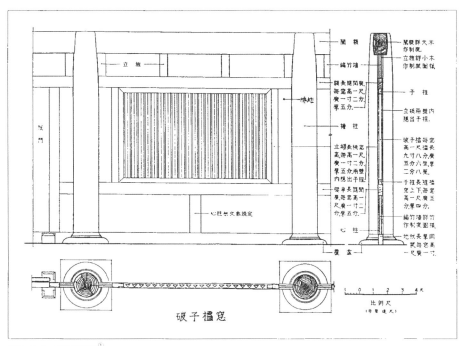

图3-4-4 破子棂窗[①]

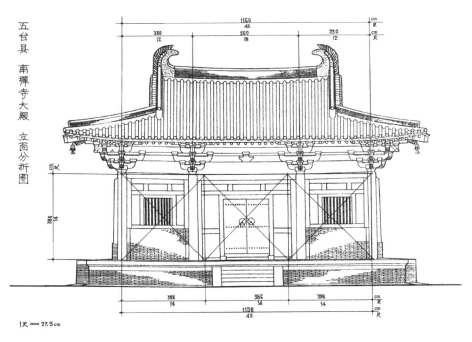

图3-4-5 南禅寺大殿立面图

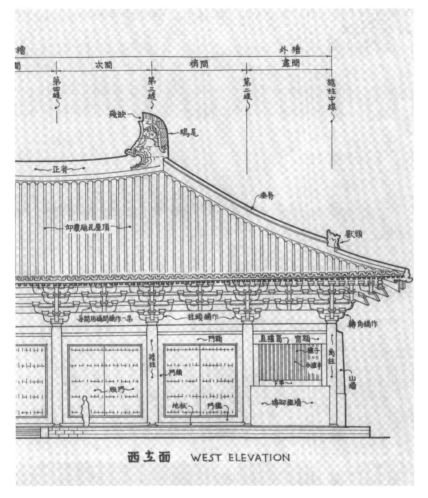

①
梁思成. 图像中国建筑史[M]. 北京：生活·读书·新知三联书店，2011.

图3-4-6　佛光寺东大殿立面①

图3-4-7　大明宫出土文物　　　图3-4-8　宝山寺辅首设计草图

图3-4-9　宝山寺辅首

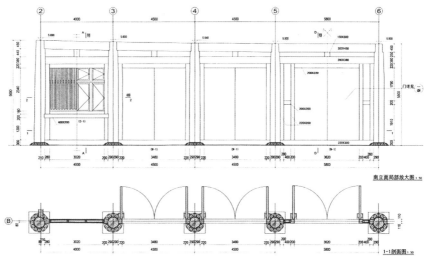

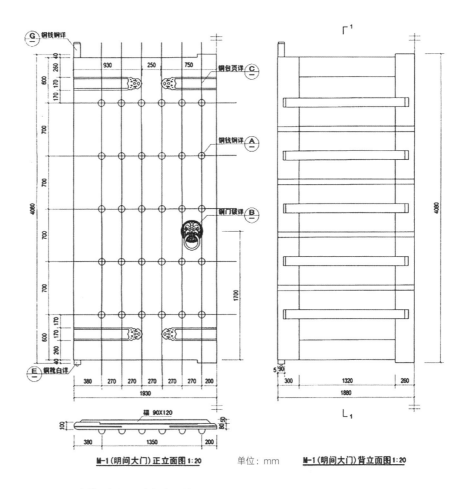

图3-4-10　大雄殿板门、直棂窗设计图

图3-4-11　大雄殿板门、直棂窗实拍图

二、内槽室内

　　大雄殿室内装修相对简洁，内檐斗栱经简化处理（图3-4-12），省去斜向下的"昂"，只用"栱"层层叠叠放置，最上层有梁压在柱头斗栱上，因为"梁"在室内天花以下，所以称之为"明栿"（栿是《营造法式》里对梁的叫法），即露在明处。可以看到明栿的做法多比较讲究，两端及两侧、梁背均做卷杀成混圆形态，底部挖去部分尺寸后形如弯月，故也称"月梁"（图3-4-13、图3-4-14），造型极为优美。梁端部与斗栱连接处，做成高、厚与斗栱规格一致的梁头，便于与斗栱叠放连接。顶部用木方做成小方格形状，在《营造法式》中称为"平闇"（图3-4-15），是一种比较素朴的装修形式。

图3-4-12　大雄殿内檐斗栱

①
梁思成. 图像中国建筑史[M]. 北京：生活·读书·新知三联书店，2011.

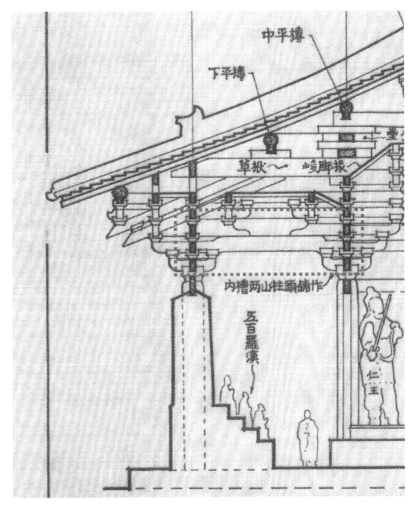

图3-4-13　佛光寺大殿月梁[1]

图3-4-14　大雄殿月梁

图3-4-15　大雄殿平闇

　　殿内当心三间位置陈设一通长的须弥座式佛坛，周圈设栏杆，坛上供奉五尊鎏金佛像，中间为释迦牟尼佛，左右两尊为观音菩萨和普贤菩萨；释迦牟尼佛前左右有两尊胁侍菩萨立像分别为阿难和迦叶。（图3-4-16、图3-4-17）

图3-4-16　大雄殿内部五座佛像

图3-4-17 大雄殿正立面

三、壁画

佛像背面对应佛坛三开间长度，额枋下有一巨幅佛教题材壁画——《海会云集图》（图3-4-18）。这幅壁画是由著名油画家蒋云仲先生历时四载，精心绘制而成，画作吸收了敦煌壁画之精髓。

敦煌壁画以佛教文化为题材，为了便于宣传佛法，把抽象、深奥的佛教经典史迹用通俗易懂的绘画形式形象地表达出来，感召大众皈依佛门。壁画使用我国传统绘画的艺术语言——"线条"和"色彩"进行描绘，以简练的笔墨，高度概括复杂场景及人物形象。诸佛、菩萨等的形象、护法的活动（佛陀说法）等生动画面被完好地保存。我们可以从画中看到早期用于表现人物的铁线描，秀劲流畅，如西魏的诸天神灵和飞天，线描与形象的结合极其成功。唐代流行兰叶描，中锋探写，其圆润、丰满，外柔而内刚的风格令人叹为观止。

图3-4-18 大雄殿《海会云集图》

　　我国绘画起初不用晕染，战国时期开始在人物额头饰以红点，两汉时期才在人物面部两颊晕染红色，以表现面部的色泽，但立体感不强。西域佛教壁画中的人物，均以朱红通身晕染，低处深而暗，高处浅而明，鼻梁涂以白粉，以显示隆起和明亮。这种传自印度的"凹凸法"，传到西域，出现了一面受光的晕染，到了敦煌又有所改进，并与民族传统的晕染相融合，逐步地创造了既表现人物面部色泽，又富有立体感的新的晕染法，至唐代达到极盛。（图3-4-19）

图3-4-19 敦煌壁画

蒋云仲先生的作品用中国传统绘画语言——"线条""色彩""晕染",用西洋油画颜料代替中国传统绘画用的矿物颜料,以非凡的创作能力和中国传统工笔画技法描绘了以端坐于须弥座上的佛陀为中心,两侧及前方共159位菩萨、金刚、罗汉等佛教人物,人物神态各异,衣物线条流畅,呈现了佛陀弘法的殊胜场景。(图3-4-20)

图3-4-20 大雄殿室内壁画

四、色彩

大雄殿木作选用非洲进口红花梨木，红花梨木颜色非常鲜艳，纹理细腻、柔顺，极具美感（图3-4-21），如果直接用于建筑会显得不够素朴，与中国古建筑的内敛性格不相协调，但若对其采用有色油饰进行涂抹又会使其失去木材本身的纹理美感。在尝试过多种处理方式，经过反复的试验后，最终寻找到一种专门用于木材的无色防护漆（清水漆），能很好地保护木材，具有防腐、防止木材受温度和湿度变化而产生裂缝的功能。清水漆涂刷到木材表面后木材整体的观感较刷饰之前有很大的变化，原本高饱和度的色彩变得深沉、稳定，木材的纹理却能依旧清晰（图3-4-22），正是经过这样的处理，大雄殿获得了区别于宫殿建筑所追求的金碧辉煌、雍容华贵的视觉效果，呈现出淡雅、质朴、本真、内敛的中国古建筑的特征，奠定了大雄殿乃至宝山寺建筑群的整体色调。

这些精妙的构造方式都是传统匠人在千百年的工程实践中积累的经验，李诫将之总结成完整的营造体系，编入《营造法式》来指导后人的施工，体现了中国匠人"营造合一，道器合一，工艺合一"的理念。[1]这些传统施工技法在宝山寺复建过程得以广泛运用，形成了申请非物质文化遗产的重要组成部分，申遗的成功也为保护和传承传统木结构手工艺提供了可持续发展的保证和前景。

①
世良法师. 宝山寺唐式木结构建筑营造技艺：上海市非物质文化遗产代表性项目申报书. 2017.

图3-4-21 非洲红花梨木（刷漆前）　图3-4-22 非洲红花梨木（刷漆后）

附 宝山寺各主要建筑单体木作营造概览

山门：入口处的山门采用歇山式屋顶，转角铺作为双杪双下昂七铺作，昂头为纯简有力的劈竹昂。

天王殿：天王殿采用"寝殿式"制形，面阔三间，进深两间，重檐歇山屋顶，正面出抱厦。上檐斗栱为七铺作双杪双下昂，一等材；下檐为五铺作单杪单下昂，三等材。柱均有升起，外槽檐柱有侧脚。梁架为月梁上施平棊，六椽栿，门为实榻板门，窗为破子棂窗。

大雄殿：大雄殿是整个建筑群的核心所在，其设计参照唐代佛光寺大殿为蓝本，为典型的殿堂式建筑。大雄殿面宽七间，进深四间，身内金箱斗底槽。前后乳栿对六椽栿，斗栱七铺作双杪双下昂，四阿顶。檐柱升起，按七间升六寸之制。柱础仿佛光寺东大殿，雕刻莲花图案，柱有卷杀。门采用实榻板门施铜钉与辅首，窗为破子棂窗。

钟楼、鼓楼：楼阁式，攒尖顶，广深各三间，下层供奉地藏或迦兰菩萨，上层设钟或鼓。斗栱上檐六铺作单杪双下昂，平坐四铺作单杪，下檐五铺作单杪单下昂。

药师、观音殿：广七间、深二间，前后乳栿对四椽栿，斗栱六铺作单杪双下昂。前面有连廊通过，两侧为客堂、祖堂。

藏经楼：楼阁式九脊顶，广五间、深四间。前后乳栿对四椽栿，上檐斗栱六铺作单杪双下昂。平坐五铺作出二跳华栱，下檐为五铺作单杪单下昂。

金塔：广、深各三间，基座为正四方形，塔底层心间为4.8m，次间为3.6m，增设宽2.8m的走廊，总宽度为17.6m。采用梁架等传统楼阁式结构，分担传递楼面的荷载。全塔结构总高为40.3m，塔刹高13.3m，建筑总高超过50m。

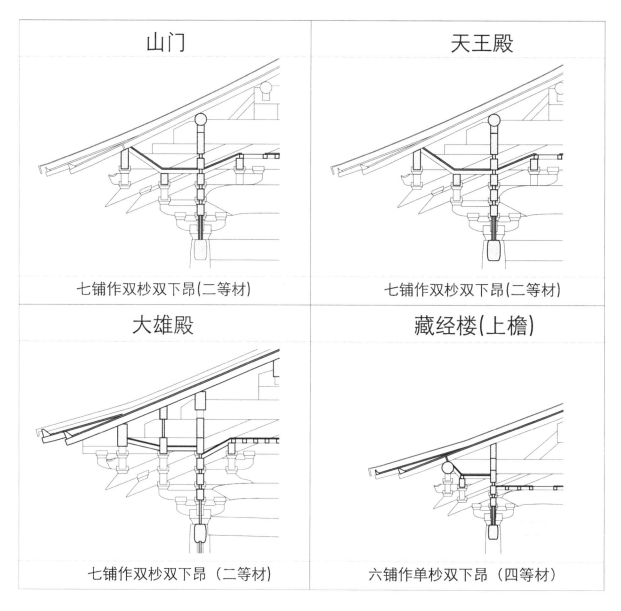

图3-4-23　各建筑单体斗栱立面及用材一览图表

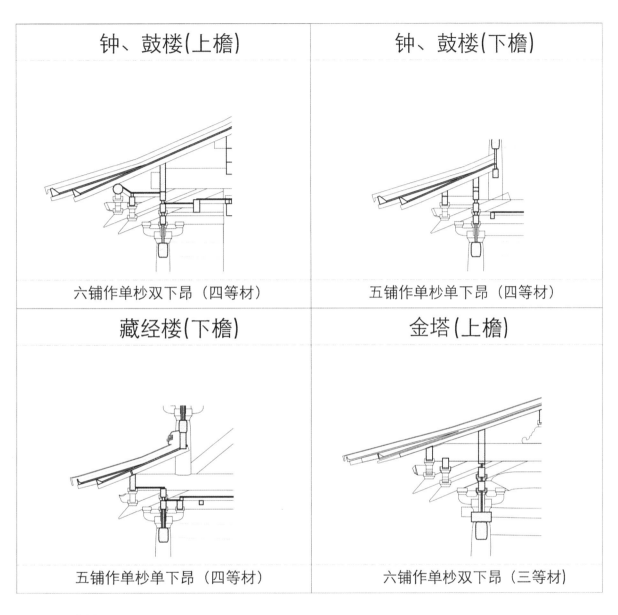

钟、鼓楼(上檐)
六铺作单杪双下昂（四等材）

钟、鼓楼(下檐)
五铺作单杪单下昂（四等材）

藏经楼(下檐)
五铺作单杪单下昂（四等材）

金塔(上檐)
六铺作单杪双下昂（三等材）

图3-4-23　（续）

第四章 金塔的故事

①

窣堵波音译自梵文的stupa，为玄奘所译。唐玄奘《大唐西域记·缚喝国》云："伽蓝北有窣堵波，高二百余尺，金刚泥涂，众宝厕饰，中有舍利。"

②

图片来自网络。

③

《魏书·释老志》是中国最早全面记载佛教历史和思想的书籍。

第一节 唐塔古韵的历史溯源

塔，源自梵文"窣堵坡"[1]的音译简写，直到隋唐才造出"塔"字，窣堵坡是古印度埋葬释迦牟尼舍利的建筑，因收藏佛祖释迦牟尼的"舍利"和遗物而建，也称舍利塔、宝塔（图4-1-1、4-1-2）。

"……自洛中构白马寺，盛饰佛图，画迹甚妙，为四方式。凡宫塔制度，犹依天竺旧状而重构之，从一级至三、五、七、九，世人相承，谓之'浮屠'"，这是《魏书·释老志》[2]中最早关于塔的相关记载。

图4-1-1　壁画所绘窣堵坡形象

图4-1-2　桑奇窣堵坡实景图[3]

塔随着佛教传入中国，与中国的阁楼结合后，和佛教的变化发展保持同步。印度的"窣堵坡"从低矮的半圆形祭祀物向上不断伸展演变高大，塔在规模形制和精神文化上越来越凸显出中国的本土风格，历经各朝各代，至大唐盛世发扬光大。中国流传下来的古塔实物寥寥无几，木塔尤甚。多数为木构材料自身特性使然，木材易燃易朽，难抵战争或灾火，故木构建筑所存无几。在现存的木构遗物中首推山西应县释迦塔，又名应县木塔，是世界最高的木构建筑，与意大利比萨斜塔、巴黎埃菲尔铁塔并称"世界三大奇塔"，是高层木结构设计的典范。

唐塔以方形居多，如大雁塔，其四方形象在敦煌壁画中也多有印证，壁画中的塔形主要有楼阁式、密檐式、金刚宝座式、覆钵式、亭阁式、窣堵坡式等（图4-1-3），造型多样、结构奇巧。

寺院布局的变化昭示着佛教文化的发展脉络。唐代以前佛教徒崇拜塔，将塔作为寺院的中心。多数将塔建于大雄宝殿之位或之前或与大雄宝殿平行，并建造塔院将其围合（图4-1-4）。唐末宋初，塔不再作为主要崇拜对象，而将塔置于大雄宝殿之后或侧或前等位置，塔也逐渐演变为寺院的视觉标志。

"塔势如涌出，孤高耸天宫。登临出世界，磴道盘虚空。突兀压神州，峥嵘如鬼工。四角碍白日，七层摩苍穹。"几句出自唐代人诗人岑参的诗，表达出作者登临后领悟禅理，以求济世的想法，同时也描绘出唐长安慈恩寺塔巍峨俊逸、超逸绝伦的气势，诗中描述的慈恩寺塔平面

图4-1-3 古塔的常见样式

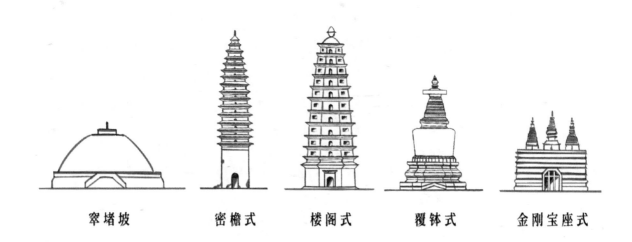

窣堵坡　　密檐式　　楼阁式　　覆钵式　　金刚宝座式

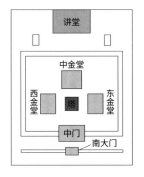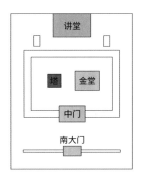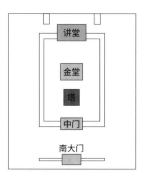

图4-1-4 塔的几种位置变化

呈方形，七层塔身。据查，唐塔的形制多以四边形七重檐为主流，七层塔虽不是楼层数最多的塔，但在佛教中的七层塔却是等级最高的佛塔，又名七级浮屠。

如是故，宝山寺金塔仿唐塔形制，采用七重檐四方楼阁式木塔。

第二节 楼阁式木塔

楼阁式木塔的建筑形式源自中国传统建筑中的楼阁（图4-2-1），而楼阁是我国常见的古建筑类型，楼阁式木塔则模仿楼阁的造型，下设台明，上部将多层楼阁叠加成塔，内部各层楼梯贯通，每层外墙设塔门和塔窗，相邻两层之间外部设腰檐，或设有平坐和栏杆供人登临远眺，顶部塔刹收头。

唐代楼阁式木塔作为高层木结构建筑，一无法式书籍记载、二无唐朝实物遗存、三无相关系统性研究论著，资料与实物互相印证的渠道更无从谈起，建筑复原可谓困难重重，只能从其他朝代的遗存建筑、墓窟壁画中着手，寻觅塔的建筑特征，提炼分析唐代塔的设计特点，包括规律制式、细部构造等，并以多层的唐风建筑为依托进行设计。关于木塔直接的尺寸设计及手法，宋《营造法式》等工法书籍未有提及，清末姚承祖所著《营造法原》关于塔的尺度构成虽略有提及，但也仅涉及塔总高与周长的比例关系，平面形制关系不明。从史籍资料、敦煌壁画查阅出唐塔建筑表现形式多以平面四方形、七重檐为主流，另从楼阁式木塔的结构特点来看，与殿堂无异，可看作是若干殿堂结构的叠加，然其平面尺度构成要较殿堂复杂得多。

图4-2-1　杭州六和塔楼^①

陈明达先生^②对山西应县木塔（图4-2-2）有着深入研究，反映在其所著《应县木塔》之中。应县木塔作为中国仅存的楼阁式木塔，继承了汉唐以来富有中国民族特点的楼阁式塔形式，具有极高的研究价值。该塔建造在4m高的台明上，台基分设上下两层，下层为方形，上层为八角形。塔身采用两个内外相套的八角形组成双层套筒式结构，将木塔平面分为内外槽两部分（图4-2-3）。内槽供奉佛像，外槽供人员活动。木塔的第一层立面为重檐，以上各层均为单檐，共五层六檐，各层间夹设暗层，共四处暗层，实为九层，底层设有回廊。构架作"叉柱造"式^③（图4-2-4），层层立柱，上层柱插入下层柱头枋上，用梁、枋、斗栱逐层向上叠架而成。屋顶为八角攒尖顶，上设塔刹（图4-2-5）。塔刹由仰莲、覆钵、相轮、火焰、仰月、宝珠组成，造型与塔身十分协调。

①
图片来源：《长江日报》记者胡九思摄。

②
陈明达为著名建筑学家，营造学社成员，曾任刘敦桢助手。

③
叉柱造是宋式大木作构造术语，楼阁式建筑中的上层檐柱柱脚，坐落在下层平坐铺作中心，柱底置于铺作栌斗斗面之上。

图4-2-2　应县木塔正立面图（梁思成手绘）

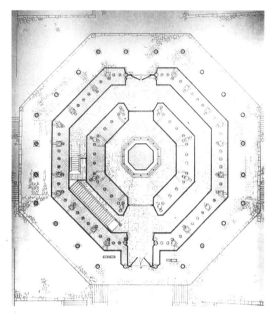

图4-2-3　应县木塔首层（台明）平面图

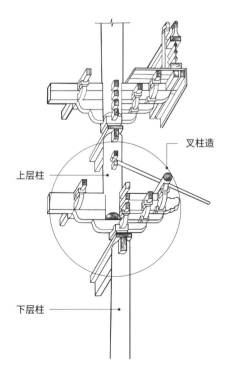

图4-2-4　应县木塔叉柱造

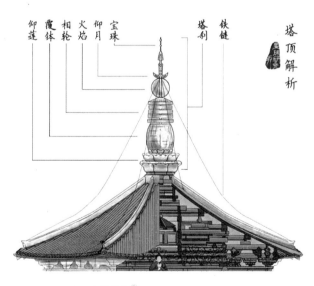

图4-2-5　应县木塔塔刹①

_____

①
图片来源：微信公众号"星球研究所"。

张十庆先生[1]对应县木塔也有相关研究，分析得出应县木塔在尺度构成上有大量比例关系（图4-2-6），该塔在尺度构成设计中存在一个基准中核，即作为基准层的第三层，其横向尺度（通面阔）与竖向尺度（层高）所构成的30尺×30尺[2]的基准单元，各层均以第三层为基准，以其尺度的1/20（1.5尺）为变化量，递增或递减而形成各层的尺度。这些资料成果为宝山寺唐塔设计的尺度构成提供了重要依据，设计团队仿佛找到了《营造法式》的构屋制度之感。

① 张十庆为东南大学建筑研究所教授，从事建筑历史与理论研究。

② 营造尺1尺长29.46cm，30尺约为8.83m。

③ 原文出自宋代李诫创作的建筑学著作《营造法式》。

④ 金箱斗底槽指在平面上的两个矩形柱网结构相套，将殿身空间划分为内外两层空间。

⑤ 井干壁即用水平的木方互相垂直铰接，形成井字形建筑外壁结构。

⑥ 扶壁栱即斗栱在柱头方向上，自栌斗至承椽枋(压槽枋)之间的栱枋组合，与墙壁一体。

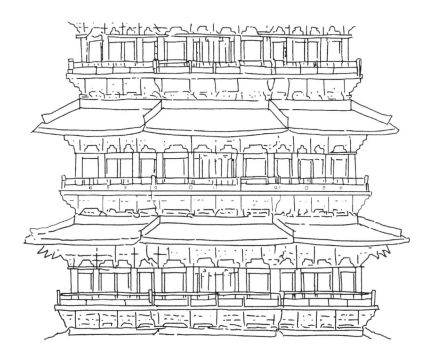

图4-2-6　应县木塔三层局部立面图

"凡构屋之制，皆以材为祖，材有八等，度屋之大小……"[3]应县木塔采用的材级相当于《营造法式》中的二等材，采用中国古代特有的"殿堂结构金箱斗底槽"形式[4]，各楼层由柱梁结构层、铺作结构层叠加组合，反复相间，水平叠垒至最上一个铺作层上，安装屋顶结构层。每一个结构层都采用大小同本层平面相同、高1.5～3m的整体框架，预制构件，逐层安装（图4-2-7）。

从现存的唐、辽及宋代殿阁建筑的铺作层上，可以明显地看到遗存建筑带有柱上井干壁[5]的结构手法（图4-2-8），且其中井干壁体与斗栱已融合成一体。所谓的井干壁体，转化成为扶壁栱[6]形式（图4-2-9）。

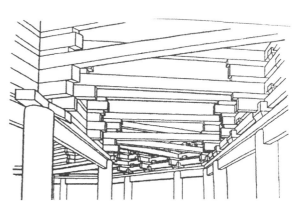

图4-2-7 应县木塔暗层构造图

柱头方　压槽方　泥道栱　慢栱（隐刻）

图4-2-8 井干壁示意图[①]

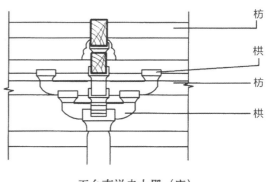

枋
栱
枋
栱

五台南禅寺大殿（唐）

图4-2-9 扶壁栱示意图

① 梁思成. 图像中国建筑史[M]. 北京：生活·读书·新知三联书店，2010.

楼阁式建筑在构成上是殿堂建筑结构的叠加，柱上井干壁体的构成手法在楼阁建筑上尤为显著，如独乐寺观音阁、应县木塔等（图4-2-10）。井干壁手法在晚唐的殿阁建筑上大量使用，位于重叠素枋上，隐刻出横栱，以丰富檐下扶壁栱形象，追求栱、枋重叠而置的装饰效果。

上述研究表明，在楼阁式建筑多变复杂的尺度构成上，欲建立简洁、有序、统一的尺度构成关系，基准长度的设定尤为必要，这是楼阁式建筑尺度构成上的一个重要设计特点，围绕基准尺寸，依次遵循模数规制确定其他部位的尺度，辅以《营造法式》的规章，宝山寺仿唐风金塔的营造设计已经呼之欲出。

图4-2-10　应县木塔柱上井干壁体

第三节　金塔的设计与构造

　　宝山寺金塔（图4-3-1）坐落于宝山寺祇园，建筑面积约1 000m^2，呈正四边形，早在一期宝山寺总体迦蓝七堂制方案布局时，就已纳入整体规划设计，按照晚唐时期多数塔位于寺之东南向为设计原则布置，并随用地面积变化多次调整，最终落位于祇园园内南侧，位于一期建造的大雄殿东南侧45°方向（图4-3-2）。项目设计伊始，设计团队远赴山西对应县木塔进行考察，并以应县木塔为原型，取其形制，解其构造，设定基准长度，采用叉柱造结构形式、柱上井干壁体等构造方式，同时结合敦煌壁画中的佛塔形象，按照中国盛唐时期木结构佛塔的建筑形象进行设计。

图4-3-1　上海宝山寺金塔效果图

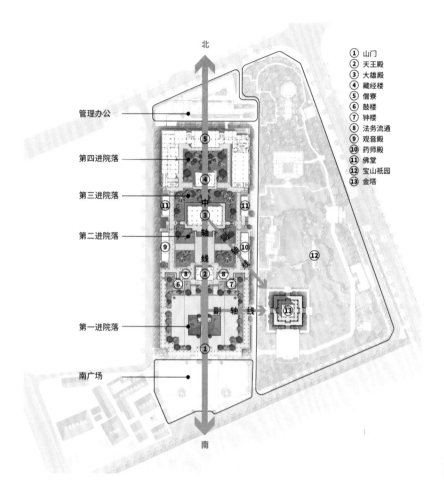

管理办公

第四进院落

第三进院落

第二进院落

第一进院落

南广场

北

中轴线

副轴线

南

副　轴　线

① 山门
② 天王殿
③ 大雄殿
④ 藏经楼
⑤ 僧寮
⑥ 鼓楼
⑦ 钟楼
⑧ 法务流通
⑨ 观音殿
⑩ 药师殿
⑪ 佛堂
⑫ 宝山祇园
⑬ 金塔

图4-3-2　宝山寺金塔区位图

　　唐塔的平面形状多为方形的原因在于早期塔多由楼阁式木构建筑演变而来，基本上塔身往上逐渐收缩，塔檐自下而上各部位都有收分，出檐深远。敦煌榆林窟第33窟壁画（五代）中绘有七重塔一座（图4-3-3），图中虽然这位古代画匠没有正确掌握楼阁式塔的绘画方式，但塔的样貌外形基本都得以体现，这是一座完整的由台基部分、七层塔身部分和顶部覆钵组成的木塔。一层绘台明设副阶，每层基本为三开间，塔身逐层收缩，设寻杖绘飞椽，斗栱未明似有简化，上部两层未见窗棂，顶层为覆钵塔形式。顶层覆钵塔形状较为奇特，与应县木塔顶部的塔刹（由刹杆、覆钵、相轮、日月等组成）作比较，可判断图中塔正处在从"印度窣堵坡"向"中国楼阁塔"演变过程中的某个阶段（图4-3-4）。

　　四方形塔从结构力学的角度来说不太稳定，不如八角形塔。而像日本遗存的四方形塔规模一般较小，塔中间有塔心柱（图4-3-5）来稳定

图4-3-3　榆林窟第33窟壁画复原图

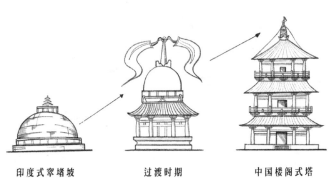
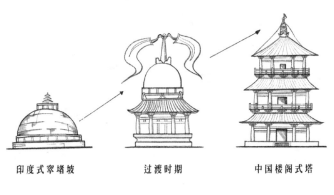

印度式窣堵坡　　　过渡时期　　　中国楼阁式塔

图4-3-4　古佛塔演变图

图4-3-5　法隆寺五重塔塔心柱示意图

塔身，抵抗风压，一般不能登高，以观赏外形为主。本项目金塔需设计成可登临的建筑（图4-3-6～图4-3-9），平面为正方形，依循应县木塔的平立面尺度构成规律，以四层为基准层，塔身面阔进深各三间，一层设副阶，下设两层台明，二层以上角柱层层内退300mm，立面七重檐，塔高55.3m（含塔刹），所有木构件全部用榫卯连接，采用传统施工工艺建造，建筑用材同大雄殿一致为非洲红花梨木。

非洲红花梨木（图4-3-10、图4-3-11），生长在西非和东非的热带雨林，心材呈鲜红色，力学性好，耐久性强，但边材心材弦向收缩差异较大，裂纹大而多，损耗较高，宝山寺项目各主要单体用材均以非洲红花梨木为主。原材料运输至江苏张家港后，大和尚会同数位传统木作工匠一道去精心挑选木材。值得一提的是，由于金塔用材等级较高，定材尺寸大，在一期建筑所需木材在本身较为吃紧的情况下，业主眼光长远，根据建筑规模用料之制，早早留出上等好木待建塔之用，而低等级建筑则采用次级木材。

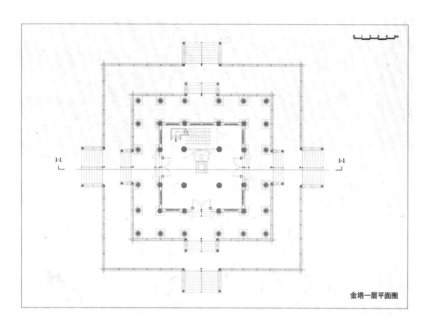

图4-3-6　金塔一层平面图

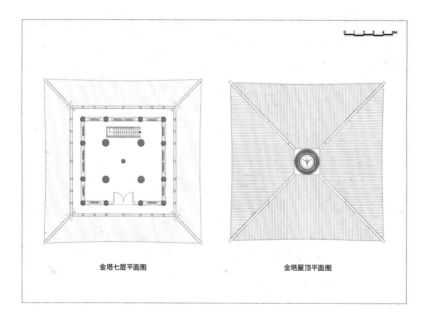

金塔七层平面图　　　　　金塔屋顶平面图

图4-3-7　金塔七层平面图、屋顶平面图

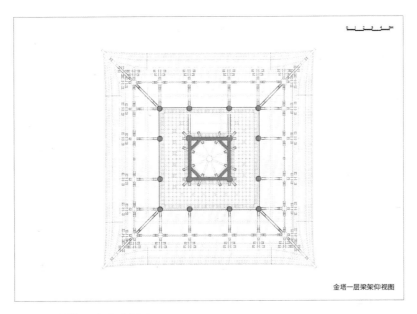

图4-3-8　金塔一层梁架仰视图

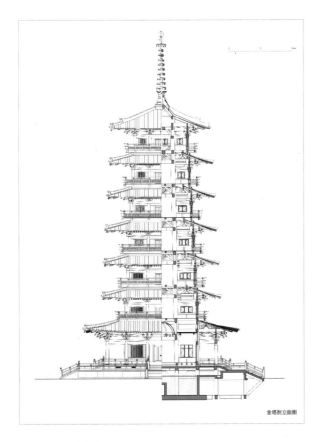

图4-3-9　金塔剖立面图

图4-3-10　非洲红花梨木（加工）

图4-3-11　非洲红花梨木（成型）

金塔严格遵循李诫编写的《营造法式》用材制度设计，根据建筑等级采用三等材设计，材厚16cm，广24cm。依据《梁思成全集第七卷》大木作制度图样规定取殿身三间最大值设计，该法式规定有三等、四等和五等可选，因五等更适用于小体量建筑，故弃之，在三等和四等的选取中，因宝山寺建筑群体的构屋之制中，金塔等级仅次于大雄殿，故金塔的建造取大值三等材，且三等材是具有最简折变率的材等，也就是说，以三等材为基准材所建立的大木作制度，其构件的材、栔、份模数构成最为简洁。反之，大木作制度中所有构件的材、栔、份模数只有还原成三等材，才能得到最简洁的构件实际尺寸。

前述研究表明，高层木塔塔身有着较为复杂的多层平面组织，与竖向尺度构成存在着大量比例关系，故立面构成也是材分模数化设计的必然结果。最重要也最严密的比例关系就是塔身各层高度与面阔的比例关系，在用材等级确认后，参照应县木塔的基准，设计团队通过反复研究塔身的营造尺度关系（即塔体量）以及塔身实际受力情况，设定塔身基准层面阔与层高的相应尺寸。即以中间层第四层为基准层，构成横向尺度（心间面阔）为4200mm，竖向尺度（层高）为5250mm（4200mm+1050mm）的基准单元，则第四层的基准层便形成1：1.25的宽高比。在基准层尺度关系的构成基础上，建筑上下层心间面阔逐层加减200mm，即平立面各层均以第四层为基准，以其横向尺度4200mm的1/21（200mm）为变量，递增或递减而集成了各层尺度结构（图4-3-12）。

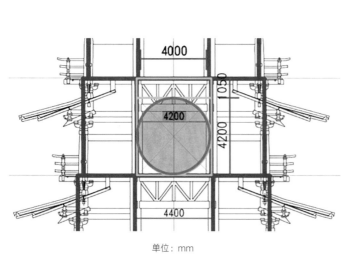

单位：mm

图4-3-12 基准层（第四层）设计

　　金塔平面一层副阶设20根檐柱，塔身主体外圈为12根柱，内筒4根金柱（图 4-3-13、图4-3-14）。设定内筒4根金柱形成塔身的主体结构框架， 4根柱从顶层至底层呈斜线贯通，类似于柱子侧角。为提高整体刚度，要求4根金柱联系不断开。实际建造中，由于取材困难等，很难满足该要求，故需要进行木柱拼接，并在楼面1m以上高度进行拼接（图4-3-15）。拼接采用《营造法式》中拼合柱与现代工程技术相结合的方式进行，该举措有效保证了内筒结构的刚度。而拼接完后侧角产生一个约1.59%的斜率值，与常规柱侧角1.5%的斜率不谋而合。

图4-3-13　金塔大木作拆解图

图4-3-14　金塔内筒金柱

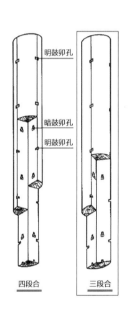

图4-3-15　金柱四段合、三段合拼接示意图

　　初始设计的内筒4根金柱从上到下通天设置，并未随外檐柱一起设立退进关系，造成外檐柱层层退进收分的同时，外檐柱铺作梁枋组件与内筒柱子出现偏心情况（图4-3-16）。外檐柱每层都退进，理应内筒柱子也需层层退进，但是内筒柱子是结构根本，不能断为每层一根，经过研究比较得出柱子侧脚方法，即设立斜柱，这也是内筒4根金柱侧角设计的主要原因（图4-3-17）。每层金柱之间再通过两道主梁连接，上下主梁和之间的斜撑形成内筒桁架，金柱与内筒桁架形成内筒框架体系，即为木塔最基本也是最重要的结构框架（图4-3-18）。

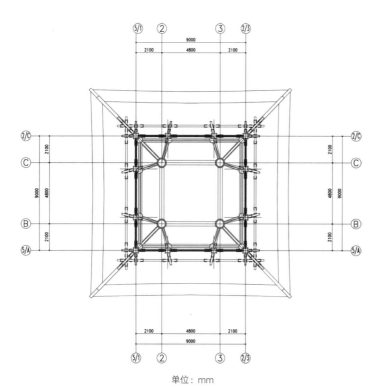

单位：mm

图4-3-16　金塔铺作偏心

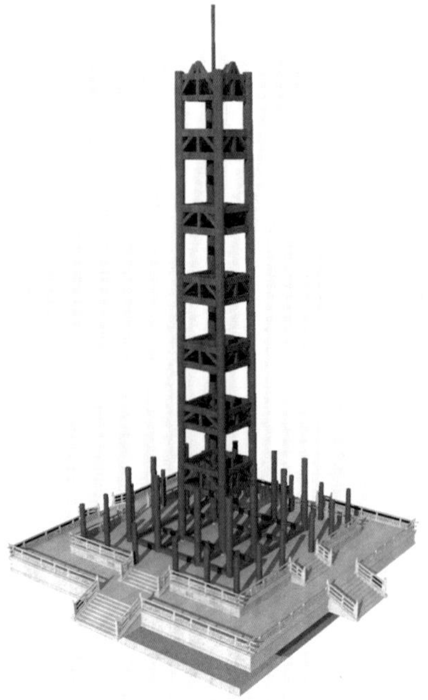

图4-3-18　金塔内筒框架

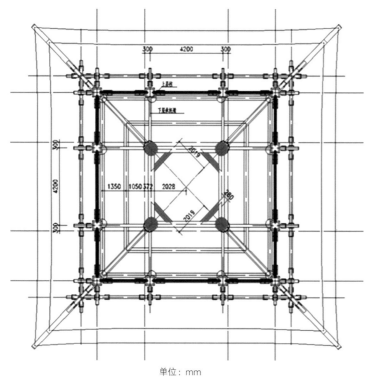

单位：mm

图4-3-17　金塔金柱设斜柱

　　各层结构平面内部呈筒状，柱与塔壁之间设登临而用的木楼梯
（图4-3-19、图4-3-20）、楼板，外设有平坐（图4-3-21）。塔身
每层阑额之上设普拍方（图4-3-22、图4-3-23），增加了结构传力
稳定性，使受力更均衡。

图4-3-21　金塔平坐

图4-3-19　金塔内部楼梯（1）　　图4-3-20　金塔内部楼梯（2）　　图4-3-22　金塔普拍方
（一层柱头转角铺作）

图4-3-23　金塔普拍方（一层入口）

檐柱上施五铺作单杪单下昂（一层采用六铺作）（图4-3-24～图4-3-26），补间用斗子蜀柱（图4-3-27）。层层檐柱内退300mm，平坐用移柱造，栏杆用斗子蜀柱承盆唇寻杖，转角处，横向构件双向出挑（图4-3-28～图4-3-31）。

图4-3-25　金塔柱头五铺作（2）

图4-3-24　金塔柱头五铺作（1）　　　图4-3-26　金塔一层柱头六铺作

图4-3-27　金塔补间斗子蜀柱

图4-3-28 金塔柱头转角铺作仰视图（1）

图4-3-29 金塔柱头转角铺作仰视图（2）

图4-3-30 金塔平坐栏杆

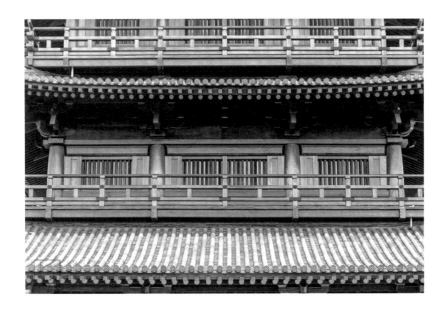

图4-3-31 金塔平坐

　　塔身外侧檐柱上下层不贯通，下层柱顶设柱头铺作，上层柱根叉于栌斗之上，通过斗·栱侧向约束与下层柱形成有效连接，即叉柱造构造（图4-3-32）；结构受力计算时上下层柱之间设小立柱和转换梁模拟叉柱造，小立柱与上下柱之间采用铰接连接。檐柱之间、檐柱与金柱之间通过普拍方、阑额、外檐主梁相连，结构计算时各构件连接均按铰接计算。

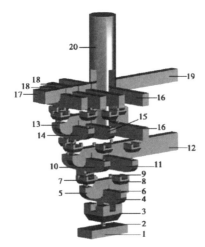

（b）叉柱造式斗栱模型分解图

1—普拍方；2—暗销（连接栌斗和普拍方或柱头）；3—栌斗；4—泥道栱；5—第一跳华方；6—暗销（连接散斗或交互斗和栱）；7—交互斗；8—散斗；9—暗销（华枋间的）；10—慢栱（第二跳）；11—瓜子栱；12—第二跳华方；13—第三跳华方；14—令栱；15—内壁慢栱；16—柱头方；17—橑檐方；18—罗汉方；19—要头方；20—叉柱。

图4-3-32 金塔叉柱造连接

金柱、檐柱、廊柱在一层位置均浮搁于台基之上；为减少水平作用下柱的上拔力的影响，在柱底设钢管插入柱内，钢管另一端埋入台基内（图4-3-33）；一层金柱、檐柱、廊柱柱底通过地栿相连，使各柱柱底形成整体，地栿设于柱础之上，采用榫卯与柱连接。

图4-3-33 **柱础连接示意图**

考虑到塔身结构受力的完整性，一层设置副阶（图4-3-34）。副阶的设计除有利于结构受力并防雨防风增加塔的寿命外，还有立面美观效果及"绕塔礼佛"等诸多功用（图4-3-35）。

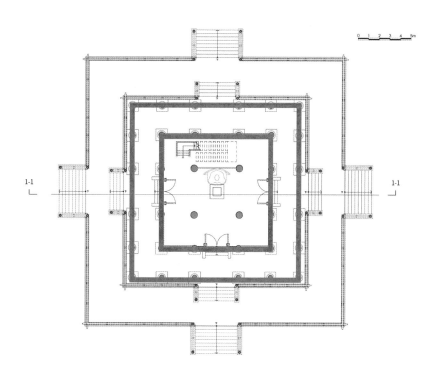

图4-3-34 **金塔副阶平面图**

图4-3-35　金塔副阶

图4-3-35（续）

塔刹参照敦煌壁画中相关资料设计， 根据比例关系，刹高取塔身高度值的1/3，为13.3m。由基座、覆钵、受花、相轮九重及刹杆、华盖、宝珠、仰月、水烟、风铃等组成。其中受花、风铃、华盖均施以浮雕纹饰图案，水烟为镂空飞天图形，体现唐代佛教艺术风格（图4-3-36）。

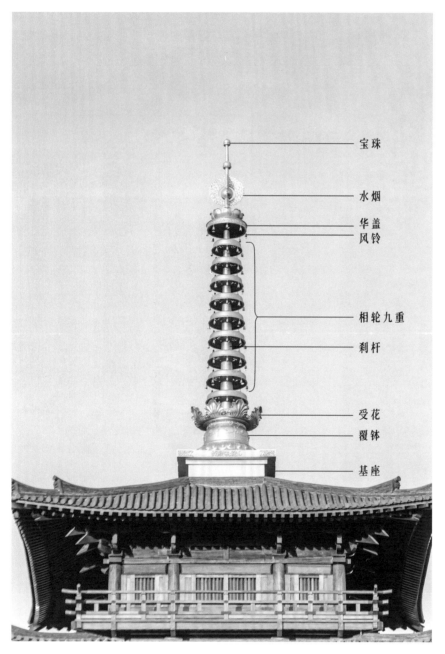

图4-3-36 塔刹设计

第四节 台基

台基要承受整个建筑物的重量，台基不牢则建筑不稳，所以台基基础是建筑设计的重中之重。如果把矗立的建筑比作高耸的大树，基础就是树根，根基不稳则大树无法生长。金塔的基础下做了108根直径60cm的混凝土桩，桩长有25m，每根桩的承载力有80t，总计能承受8640t。（图4-4-1）

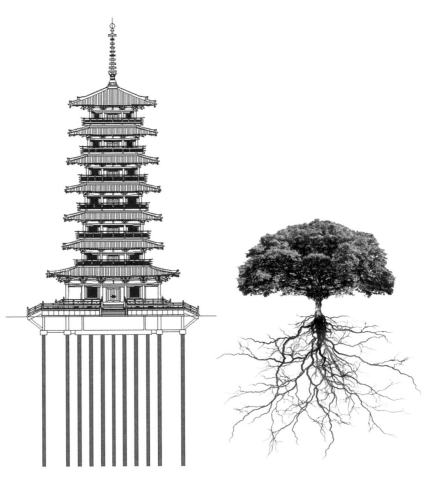

图4-4-1 宝山金塔的桩基示意图

《营造法式》中规定，造屋要经过"取正、定平、立基、筑基"，其中立基就是建台基基础，筑基就是夯实地基。

在古代，"筑基"一般要选地基土比较好的位置，将地表的土适当开挖平整做地基，相当于现在的天然地基。上海的土壤，下面都有比较厚的淤泥，在这种地基上直接建重型建筑物会出现不均匀沉降，轻则建筑物倾斜，重则建筑物倒塌。金塔的地基采用现代建筑广泛应用的桩基，将桩打入到很深的地下，在上面再做基础，相当于把建筑物的重量传到深层土上，这样地基就坚如磐石了。

台基相当于现代房屋的基础，它将上部传来的荷载传递至地基上。金塔的台基采用混凝土结构，底板为筏板基础，地下部分为混凝土地下室，地上采用两阶台明（图4-4-2）。

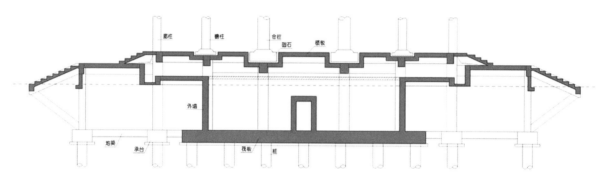

图4-4-2 宝山金塔的台基与桩基组合

台基可以防止雨水浸入建筑、保持柱根的干燥、防止柱根腐朽。同时，台基高出地面较多，凸显建筑的雄伟，是建筑物地位等级的标志。

桩基和台基构成了整个金塔的地基基础，应用现代钢筋混凝土结构材料和施工技术，使整个基础稳如泰山，金塔耸立在台基之上，确保塔身能抗风、避震，经得起狂风强震的考验。（图4-4-3）

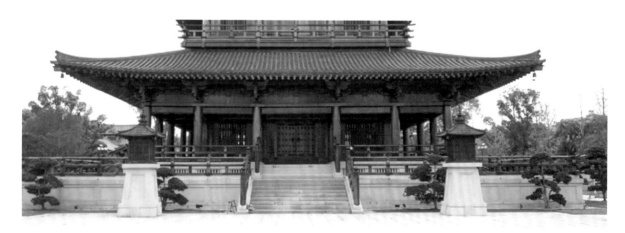

图4-4-3 宝山金塔的台基

台基之上设柱础，金塔的柱础为方中取圆，底部为方形，上部收成圆形，中间预留方形海眼。（图4-4-4）

图4-4-4　金柱柱脚与柱础连接节点

单位：mm

柱础用坚硬的石料制作，故称为础石。础石顶面加工成光滑的平面，光滑似镜。柱础的重要作用是将柱承受的上部荷载有效地传递到台基上，同时础石高于地面，可以防止地面的水侵蚀到木柱内，避免柱根受潮腐朽。（图4-4-5）

图4-4-5　金塔柱础

　　柱与柱础连接的方式采用管脚榫，管脚榫榫头很小，插入柱础中间的"眼"内，主要起定位作用，管脚榫与海眼之间有一定的间隙，地震发生时可以适当平移卸掉荷载，颇有武术中的"四两拨千斤"的意味（图4-4-6）。

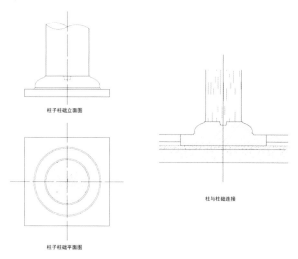

柱子柱础立面图

柱子柱础平面图

柱与柱础连接

图4-4-6　管脚榫示意图

　　在房屋自重作用下，柱与柱础之间存在一定的摩擦力，在较小的水平力（小震或一般风载）作用下，水平力小于摩擦力，柱脚为固定支座，保证了结构稳定。当遇到较大的水平力（如大震或台风）时，水平力大于柱与柱础的摩擦力，柱子将发生些许滑移，将水平力卸掉，而不会将水平力传递至上部结构，保证了上部结构的安全稳定，从而起到隔震作用。

　　金塔的金柱和檐柱柱脚之间用地栿相互连接，地栿的存在限制了柱根的位移，同时加强了多柱架构成的空间框架的整体性（图4-4-7）。

图4-4-7　宝山金塔的柱础和地栿

图4-4-8 宝山寺金塔与应县木塔的
体量比较

第五节 抗震试验

我国木结构有着悠远的历史，在古代就形成了梁柱连接的木结构体
系，到唐代趋于成熟，宋代李明仲所著的《营造法式》从建筑、结构到
施工，全面系统地反映了我国古代木结构体系。中国的《木结构设计规
范》（GB 50005—2017）等指导文件也是近年才制定，相比较而言，
对于木结构研究中的基础理论部分涉及较少，应县木塔等建筑的设计规
律虽然可以为金塔提供设计思路（图4-5-1），但应县木塔类似层层搭
积木叉柱造的构造方式很难通过现代结构和抗震的计算，这是摆在设计
团队面前迫切需要解决的问题。鉴于目前国内未对高层木结构建筑设计
有规范性的指导文件，本项目对楼阁式高层纯木结构塔受力性能进行研
究，主要通过关键节点缩尺模型试验、木塔缩尺模型振动台试验获取

相关性能参数，并在试验数据验证的前提下，通过精细化模型分析，进一步研究高层纯木结构塔的结构性能和抗震、抗风能力，为评价和优化结构设计方案提供理论依据。同时在建造过程中监测建筑反哺设计。（图4-5-2）

图4-5-1　应县木塔的营造

图4-5-2　金塔1/5比例的缩尺模型

综合考虑到实验室模拟地震振动台台面的性能参数、施工、运输条件和实验室吊装条件等因素，振动台试验采用1/5的缩尺比例（图4-5-3～图4-5-5），模型结构主体材料采用和原型结构相同的木材（非洲红花梨木）。木塔模型总高度为8.7m，其中底层层高为1.45m，第二层至第六层层高为1.05m，第七层至屋面顶点为1.35m，模型底部平面尺寸为3.52m×3.52m。

图4-5-3　缩尺模型振动台试验

图4-5-4　缩尺模型内部（1）

图4-5-5　缩尺模型内部（2）

考虑七度～八度的罕遇烈度水平，对缩尺比例为1/5的七层传统楼阁式木塔模型进行了模拟地震振动台试验。运用模态分析和系统识别理论，辨识了在各水准地震作用后模型结构向和Y向前四阶振型、频率和阻尼比。试验发现在七度罕遇和八度罕遇水准地震作用下，模型部分栌斗和散斗出现横纹劈裂裂缝（图4-5-6），但模型结构未发现局部构件明显损坏或整体倒塌，表明模型结构抗震性能良好。

针对试验结果，对结构设计和施工提出如下建议，以改善结构的抗震性能和使用性能：

（1）底层层间位移角较大，应考虑布设柱间墙体或支撑构件以提高底层抗侧刚度和抗剪、抗扭性能；

（2）各楼层铺作层和铺作层以下的明层部分抗侧性能差异较大，在设计施工中应对铺作层抗侧刚度和耗能性能予以合理考虑；

（3）柱间墙体对各楼层抗侧刚度影响较大，应重视和加强柱间墙体的设计和施工，并结合试验对墙体抗侧刚度及其对结构整体性能的贡献做进一步研究；

图4-5-6　散斗劈裂

（4）重视栌斗、散斗的选材，避免木节等材质缺陷；

（5）重视梁柱榫卯节点的设计、计算和施工，确保节点连接可靠；

（6）加强塔刹的设计和构造，并应防止地震发生时，塔刹整体脱离主体结构造成二次伤害。

此外，考虑到金塔木构架为抬梁式体系，柱架节点形式多样，其中斗栱节点、梁柱节点和柱脚节点分别为铺作层和柱架的关键节点，故选取木塔典型梁柱半榫节点（图4-5-7）和柱脚叉柱造节点（图4-5-8）进行试验研究，为研究柱架整体受力性能提供数据支持，也进一步确保了传统木结构营造的高层楼阁式木塔抗震安全和可靠性。

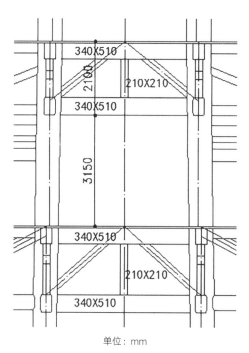

单位：mm

图4-5-7　内槽柱与额枋的连接节点

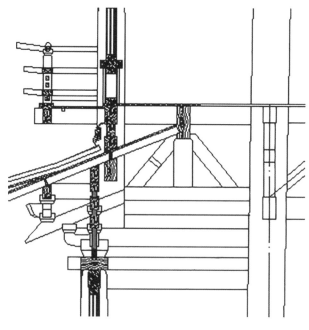

图4-5-8　外槽柱叉柱造

第六节　BIM技术在宝山寺金塔中的应用

BIM技术理论始于1974年，当时被以术语"建筑描述系统"（building description system，BDS）提出，用于存储建筑设计信息，包含所有建筑要素或空间。1987年，BIM（building information modeling）技术首次在信息系统中实现，当时被冠以术语"虚拟建筑"。1992年，BIM这一术语正式出现并因Autodesk公司将其描述为将信息技术应用于建筑业的产品策略而被普遍接受，并被认为是建筑设计及相关应用领域的一种顶尖技术。21世纪初期，BIM建模技术被用于在试点工程中支持建筑师和工程师的建筑设计工作。之后主流研究主要集中在将BIM应用于规划的改进、设计、碰撞检测、可视化、量化、成本估算和数据管理。总的来说，BIM技术可以理解为实现建筑设计的一个过程、一种模拟，亦或是一项技术工具，它在设计过程中，为了实现设计师的设计理念和意图，扮演着各种各样的角色。

宝山寺祇园金塔利用古代榫卯营造技术，采用纯木结构建造，其结构形式复杂，二维设计难以对构件轮廓及榫卯关系进行精准表达，在这种情况下，应用BIM技术进行三维设计就显得非常必要了。

设计师在项目伊始便基于金塔手绘稿建立方案阶段的BIM初步模型（图4-6-1、图4-6-2），以此模型为基础进行方案论证和设计深化。经

图4-6-1　金塔方案手稿

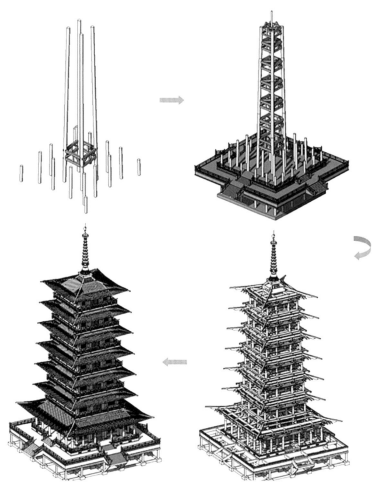

图4-6-2　金塔Revit模型

过反复研究塔身的营造尺度关系及与塔身实际受力情况的理论，设计师在Revit中设定了塔身基准层面阔与层高的相应尺寸。在基准层尺度关系的构成基础上，建筑的上下层心间面阔逐层增加或减少200mm，形成各层的构件尺寸。

随着项目的逐步深入，设计师通过在BIM中的自校检查，发现了许多在方案阶段未发现且难以解决的问题，如梁下梯段的净高问题：从图中我们可以看到，通过模型发现原方案的楼梯与劄牵（梁）间净高平均在1.1m左右，最低值只有0.87m，局部栏杆已与劄牵（梁）交叉打架，不满足人体工学设计要求。设计师利用模型，对楼梯设计方案进行了整体的优化调整，最终保证其净高基本达到2.6m。类似的方案细节优化有10余处，可以说BIM确保了祇园金塔的设计合理性（图4-6-3、图4-6-4）。

①
马炳坚. 中国古建筑木作营造技术 [M].
北京：科学出版社，2003.

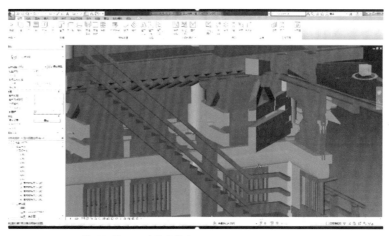

图4-6-3 Revit模型细节展示（优化前）

图4-6-4 Revit模型细节展示（优化后）

　　金塔的各个纯木结构构件深化设计及加工，都以《营造法式》和《中国古建筑木作营造技术》[①]为依据，设计师充分运用BIM，在模型中对构件加工方案以及构件榫卯连接节点进行论证及深化（图4-6-5、图4-6-6）。以通天金柱加工为例，其建造过程包括墨斗弹线绘制八卦线、取直、砍圆、刮光等步骤。首先在原木两端绘制互相垂直的十字中线，在线上分别标出A、B、C、D点，$AB=CD$=柱的直径，再以十字线交点为中心，上下左右两侧绘制对应平行线，围成边长等于柱直径的$EFGH$正方形，砍去方框外部分。其次，以长度$L=0.414$乘以柱直径边长，在正方形框的基础上绘制八边形，同理，砍去八边形框以外部分，再在八方基础上放十六方形，把八方基础每个面上均分成四等份，连接角两侧相邻点，使八边形变成正十六边形，砍刨多余部分，同理继续放三十二边形，直至刨圆为止。（图4-6-5）

绘制十字中线，
砍刨方框以外部分

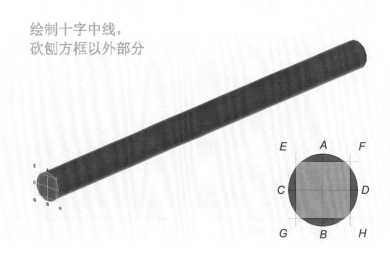

在八边形基础上绘制十六边形，
砍刨框外部分

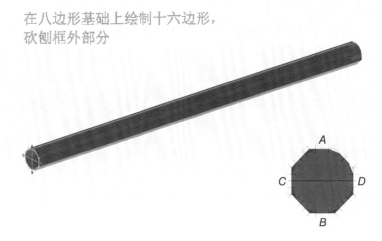

在十六边形基础上绘制三十二边形
砍刨框外部分，抛光打磨成型

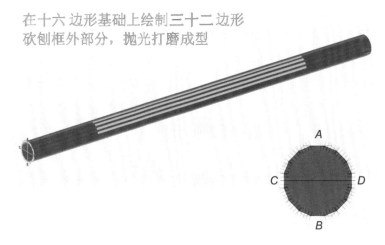

图4-6-5　金柱模型图

金塔通天圆柱分为上中下三段，每段之间利用插销进行连接及加固。看似简单，但插销的设置、尺寸选择等有着很大的学问。设计师将各项工程参数编写成函数，设置在BIM中（图4-6-7），利用计算机计算得到最优的设计结果，同时利用BIM的可视性，直观演示给现场的工匠师傅，减少加工过程中产生的人为误差（图4-6-8）。

祇园金塔涉及构件种类多，造型复杂多变，构件之间的榫卯连接精度要求极高，安装过程中难免会有一些不可预见的情况发生，造成安装失败和返工现象。结合BIM技术优势，在BIM设计模型的基础上，利用Navisworks软件完成了转角铺作、塔身角柱与梁、抱柱门窗墙板、昂与

图4-6-6　金塔现场加工照片

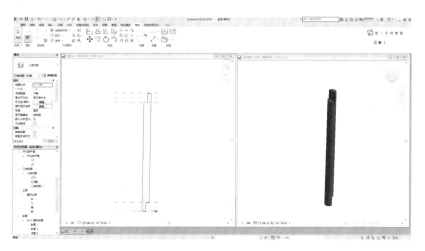

图4-6-7　金塔通天圆柱接口BIM

图4-6-8　金塔通天圆柱现场加工照片

襻方头等共7处复杂节点的安装工艺模拟，提前发现榫卯连接不合理之处，并对设计模型进行修改调整，优化设计精度，避免在实际安装过程中由于拼装不上而造成的返工问题。通过三维可视化工艺模拟，方便了项目各参与方的沟通协调，同时使施工人员能够更清楚透彻地掌握安装流程，优化安装工艺，对关键工序进行更好的把控（图4-6-9）。可以说，通过运用BIM技术，祇园金塔的落地性有了可靠保障。

图4-6-9　模型交底

设计师同时也配合施工单位编制工程施工组织计划，进行施工场地布置、优化物料堆放空间及其他施工准备，将项目进度文件导入Navisworks中与BIM三维数据模型关联，动态模拟整个施工过程与施工现场，将空间信息与时间信息整合在一个可视化的4D模型中，直观、精确地反映整个项目施工过程。最终优化后的施工期与原施工计划相比，总工期缩短48天，减少现场塔式起重机使用时间36天（图4-6-10）。

同时也利用BIM数据的互导性，将模型数据导入其他专业的软件中，为各个构件生成唯一的二维码。通过移动端对贴于构件上的二维码进行扫描，能够定位构件在整体模型中的精确位置，从而按照构件的安装顺序对其进行更合理的堆放，节约堆料用地，提高安装效率。除此之外，通过扫码能够随时调阅查看各构件的属性信息，辅助金塔投入使用后的运维管理（图4-6-11、图4-6-12）。

图4-6-10 虚拟工地模拟

图4-6-11 每个模型构件都配有二维码

图4-6-12 模型构件二维码

这些项目过程中产生的各个BIM构件，也是一笔宝贵的资源，它们为纯木榫卯结构构件模型族库的形成，提供了原始的积累。项目过程中产生了16种类型的构件族，其中角梁构件28个，地梁构件10个，部梁构件67个，柱构件21个，柱头铺作构件16个，转角铺作构件34个，插栱构件3个，丁头栱构件5个，吊顶构件15个，窗构件10个，门构件8个，台明构件9个，栏杆构件5个，柱础构件3个，屋顶构件15个，墙板构件32个。这些珍贵的构件族为形成我国传统古代高层木结构的"施工图标准图集""BIM构件资源库"等成果奠定了坚实的基础（图4-6-13）。

建成后的金塔随祇园于2023年6月15日正式开放，向世人一展大唐木构塔的风采。（图4-6-14～图4-6-19）

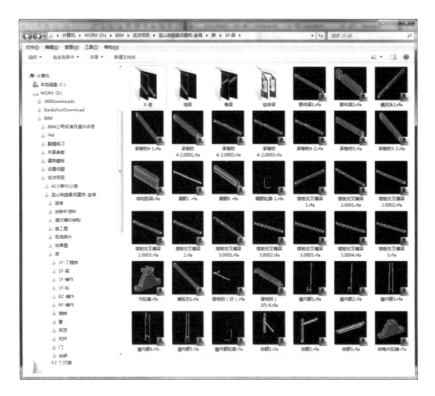

图4-6-13　模型构件族库

图4-6-15　金塔实景图（2）

图4-6-14　金塔实景图（1）

图4-6-16　金塔实景图（3）

图4-6-17　金塔实景图（4）

图4-6-18 金塔内筒4根金柱

图4-6-19 金塔通天柱

第五章　申遗的故事

第一节　上海滩营造往事

　　上海的营造业有着悠久的历史，从唐代青龙镇[1]的兴起，到明清时代成为"东南之都会"[2]，再到20世纪二三十年代出现"万国建筑博览会"，匠人用智慧和双手将木头、石块打磨成木作、石作，书写了一篇又一篇传统营造的辉煌篇章。

　　上海营造业的历史源头，可追溯到6000多年前的远古时代。在今青浦区崧泽村假山墩遗址发掘过程中，发现有新石器时代的建筑遗迹。这是迄今上海发现的先民创造的最早建筑。宋代之前，由于上海地区地处边陲，人烟稀少，营造业发展甚缓。宋室南渡，大批曾在以汴京为中心的中原地区从事建筑活动的匠人迁徙江南，传统营造技艺从江浙两地影响到上海，成为覆盖全上海的一项建筑传统技艺。元至元二十八年（1291年），上海置县，地区营造技术日臻成熟并有不少创新。

　　上海营造业在逐渐兴旺和发展中，行业的组织运营机制也不断发生变化。明代前的工匠，多为官府征用，编入"匠籍"，主要为官府修筑宫室、官署、寺庙等设施和海塘堤坝等。明代初期实行"轮班""住坐"的无偿匠役制，木匠5年一班，锯、瓦、竹、油漆等工匠4年一班，轮流赴京师从事无偿劳动，技艺得到了很大提高。明隆庆三年（1569年），时任应天巡抚的海瑞推行"一条鞭"法，提倡以纳税来代替繁重的徭役，一批建筑工匠便通过缴纳赋税来换取经营活动的自由。明万历至崇祯年间（1573—1628年），上海县城内纳税的建筑工匠已达500多人，这种以

[1] 青龙镇，唐天宝五年（746年）设立，遗址位于上海市青浦区白鹤镇。青龙镇在历史上有"小杭州"之称，建筑有36坊、22桥、3亭、7塔、13寺院，官署、学校、仓库、茶楼、酒肆等建筑鳞次栉比。

[2] 此说法出自《嘉庆上海县志》，清嘉庆十九年（1814年）出版的地方志，作者王大同，共有十二册。

师徒或家族、同乡为主体的施工组织方式在上海地区得到较好的传承和发展。

第一次有文字记载的"水木作"出现在清道光二十五年（1845年），记载作坊中有木工、泥工、雕锯工、石工、竹工等[①]。水木作以乡土地域为主各立帮派，外埠水木作进上海以江苏帮、东阳帮、宁波帮为主。由此，传统营造技艺在上海得到了系统性的传承和发展（图5-1-1）。

图5-1-1[②]　在上海老城厢硝皮弄的水木工业公所以及石匠公所在城隍庙鲁班殿

承担宝山寺移地重建项目建设工作的正是来自浙江东阳的上海殷行建设集团有限公司（以下简称"殷行建设"）。2005年，项目正式立项，经过多方调研、邀请招标，选中了来自建筑之乡浙江东阳的殷行建设作为总承包单位，上海古建装饰有限公司作为专业分包单位。包括项目经理应桢琳、大木匠李成业及其传人，自工程开始就确定了创"鲁班奖"的质量目标。项目部把中国传统的营造法式（榫卯结构、斧、锯、锥、凿）发扬光大，结合企业自创的国家级工法"木结构古建施工工法"（GJEJGF 101—2010）[③]，将宝山寺移地重建项目打造成国家鲁班奖项目。2013年，上海殷行建设集团有限公司又担起了宝山寺祇园的建设重任。金塔、佛香阁、松涛轩、水心榭、廊桥、桥亭等木结构建筑与唐式园林的融合，使祇园成为别具一格的唐式园林。经过近20年的施工和打磨，匠人们在施工技术和建筑艺术方面皆达到了较高的水准，对于寺庙建筑、园林建筑、塔式建筑等在结构布局、地基处理、高空起吊、艺术装饰等方面都独具匠心，这些都为宝山寺传统木结构建筑群复兴中国传统木结构营造技艺打下了坚实的基础。

① 出自《上海建筑施工志》。

② 鸦片战争后，上海市政建设步伐加快，上海本地（包括川沙县）和南汇县的本帮水木作队伍发展很快，于是他们购城内"二十五保五图得字圩三十二号"地9.5亩建立同业的议事机构，并集资建造供奉祖师爷的鲁班殿。

③ "木结构古建施工工法"是上海殷行建设集团有限公司完成的建筑类施工工法，完成人是许培丽、应桢琳、李立民、徐远景、韩华东。"木结构古建施工工法"的工法特点是采用现代计算机仿真技术，模拟施工过程，采用计算机三维总体及构件放样，确定各个构件的精确尺寸，改变了传统施工工艺（即采用1:1放大样），提高了施工工效。构件采用工厂化加工，现场安装，减少木材的损耗，提高了现场施工的防火安全，提高现场施工文明程度。2011年9月，"木结构古建施工工法"被中华人民共和国住房和城乡建设部评定为2009—2010年度国家二级工法。

第二节 宝山寺营造的薪火传承

一、以木相传

千年以来，中国匠师们在营造过程中积累了丰富的技术经验，在材料选用、结构方式、模数计算、构件加工、节点处理、施工安装等方面都有独特的技巧。建筑工匠是营造技艺的主要传承人，建筑构件的加工与装配方法主要靠工匠的传习和口诀来实现，依靠师徒之间以"言传身教"的方式世代薪火相传。

中国传统木结构营造技艺分为大木作、小木作、瓦作、砖石作、油漆作、彩画作等多个工种，工匠也相应按工种分工，多不兼修。在唐式传统木结构建筑群（宝山寺）建造过程中，"大木匠"这一群体是其中的灵魂人物。大木匠，是能够独立主持木构建筑营造的工匠，掌握着建筑整体工程的核心技艺与营造传承。德高望重的大木匠在整个团队中是十分受人尊敬的人物，他们是传统文化的坚守者与传承者，亦是变革者与开拓者，他们传道授业，古老的木结构营造技艺通过他们一代又一代的口传身授，代代相承。

宝山寺的初代"大木匠"是木工技艺第五代传承人——李成业（图5-2-1）。李师傅生于1941年4月，1958年拜木作名师陆文安为师，1956—1965年，在浙江宁波、金华等地学习传统木工匠技艺。1966年开始在上海、江苏、东阳等地从事古建筑修复工作，主要作品有梅兰芳纪念馆、慈溪公园、仙华山、静安寺及宝山寺等的建造与修复工程，直到2021年仙逝。

图5-2-1　李成业师傅在宝山寺工程中讲解斗栱营造技艺

木工技艺传承人

第一代 姚三星，约清同治年间出生，苏州吴县人，木作名师。

第二代 姚桂庆，约清光绪年间出生，姚三星之子，继承父亲手艺，先后在嘉兴、木渎开作坊。

第三代 姚龙泉，1905年出生，姚桂庆之子，自幼从父学艺，将手艺传授给徒弟陆文安。

第四代 陆文安，生于1924年10月，木作名师。

第五代 李成业，生于1941年4月，1958年拜师陆文安，宝山寺复建工程的初代大木匠。

第六代 俞彬荣，16岁开始向李成业学习传统木工匠技艺。1983年正式拜李成业为师，学习传统木结构的木工匠技艺。1985年以后跟随师父在江、浙、沪等地从事古建筑的建造与修复，1992年后在上海市及周边从事木工匠技艺至今，主要作品有李宅古建筑群、白坦古建筑群、卢宅明清古建筑群、宝山寺等。

第六代 汪洪根，17岁开始向李成业学习传统木工匠技艺。1982年正式拜李成业为师，学习传统木结构的木工匠技艺。1984年以后跟随师父在江、浙、沪等地从事古建筑的建造与修复，1990年以后在上海市及周边从事木工匠技艺至今，主要作品有卢宅古建筑群中的肃雍堂、世德堂、嘉会堂、宝山寺等。在后续宝山寺唐式传统木结构建筑群（宝山寺祇园）的佛香阁、金塔等仿古全木结构建筑的建造中承担大木匠一职。

李成业师傅在宝山寺建造的实践中，培养了大批优秀学徒。这些继承者们通过不断积累经验，成为传承木构建筑营造技艺的中坚力量，刘生良正是其中一员（图5-2-2）。

生于1965年的刘生良，来自浙江省桐庐县分水镇，家族是远近闻名的木匠世家，家中四兄弟都是村中知名的木匠师傅。从小跟着自家二哥学习木工技术，初期学做农具、家具，在家乡修建寺院。1982年17岁时正式拜李成业为师，系统学习传统木结构的木工匠技艺。之后跟随师父在江、浙、沪等地从事古建筑的建造与修复工作，1990年以后在上海市及周边地区从事木工匠工作至今。随着李成业师傅年岁增长、力有不逮，宝山寺尤其是后期宝山祇园内木结构建筑的营造，主要木匠工作皆由刘生良师傅统筹。

图5-2-2 刘生良近照

三十多年来，刘师傅在全国各地建造木结构建筑，对于传统木结构建筑的屋基修建、大木作放样、备料、盖瓦等多道工序、流程早已铭记于心，出自他手的传统木结构建筑已超过百余座。在刘师傅的老家桐庐县分水镇，我们见到了年近花甲的他，言谈中，往事历历在目。（图5-2-3）

图5-2-3　刘师傅及原构团队采访照

二、如"木"春风

唐代木结构建筑的柱、梁、斗栱等大木作基本特点是根据构件的结构位置和构件的尺寸比例适当地加以美化处理，以表现木构建筑自身的结构美和材质的自然美。中国传统古建筑所用柱子有方、圆、八角等形式，圆柱是较通用的形式，柱身一般为梭状，曲线柔和流畅，柱顶部分无论方、圆、八角，大都加工为曲面，使柱顶缩小，和栌斗底相应，侧视曲线如覆盆。唐代建筑的斗栱兼具结构意义与装饰作用，斗栱尺度和风格既雄大壮健、疏朗豪放，又不失做工精巧、错综繁密。

今日留存的唐代建筑已经为数不多，除文物保护单位建筑的修缮工程之外，新建或重建项目极为稀少，使得中国早期营造技艺的保护和传承实践受到极大限制。20世纪80年代后，出于纪念或旅游景观等需要，各地建造了一批较为知名的仿唐建筑（扬州鉴真和尚纪念堂（图5-2-4）、香港志莲净苑、上海宝山寺（图5-2-5）、西安大唐芙蓉园等），使得这一技艺得到一定的存续。

①
图片来源：网络。

图5-2-4　扬州鉴真和尚纪念堂①

图5-2-5　上海宝山寺

　　宝山寺唐式传统木结构建筑群整体用木量达20 000m²，为提高佛寺的持久性，必须选取经过特别技术处理的最优质木材。当时对于采用柚木、花梨木还是菠萝格，进行了较激烈的讨论。柚木品质好但价格昂贵，菠萝格木材本身没有花纹，易开裂、毛孔粗。非洲红花梨木长于非洲丘陵，每棵树高达三四十米，心材呈鲜红色，锯解后转成紫色并有红色的横断纹，力学性质好，耐久性强，即使在砍伐过程中产生裂纹，只需将开裂的部分刨去，仍可继续使用。为此世良法师带上各种木材样品，前往南京林业大学委托潘彪教授（现为南京林业大学木材工业学院副院长、教授），寻求解决办法。经过一系列对木材密度、防腐、防蛀等物理性、化学性、力学性质的检验，得出非洲红花梨木木材品质最优的结论，综合性价比因素，确定采用此款木材。一棵棵长于非洲大陆的树木与一座位于华夏大地上的伽蓝院，就这样被联系了起来。

2005年年底，第一批2 800m³非洲红花梨木运抵张家港港口，世良法师、木材顾问以及大木作师傅一同前往现场选材。在木材尺寸的选择上颇有讲究，并不是一味追求粗壮、高大。宝山寺主体建筑柱子直径都是400mm，宝山金塔外部的柱子直径达600mm（图5-2-6～图5-2-9）。以直径600mm的柱子为例，因为非洲红花梨木有层表皮，最适合的是750~800mm的原木，这样刨除表皮后，就可以达到理想大小，如果选用900mm的原木则会造成浪费。

图5-2-6 大雄殿金柱（柱径580mm）

图5-2-7 天王殿廊柱（柱径500mm）

图5-2-8 金塔廊柱(柱径500mm)

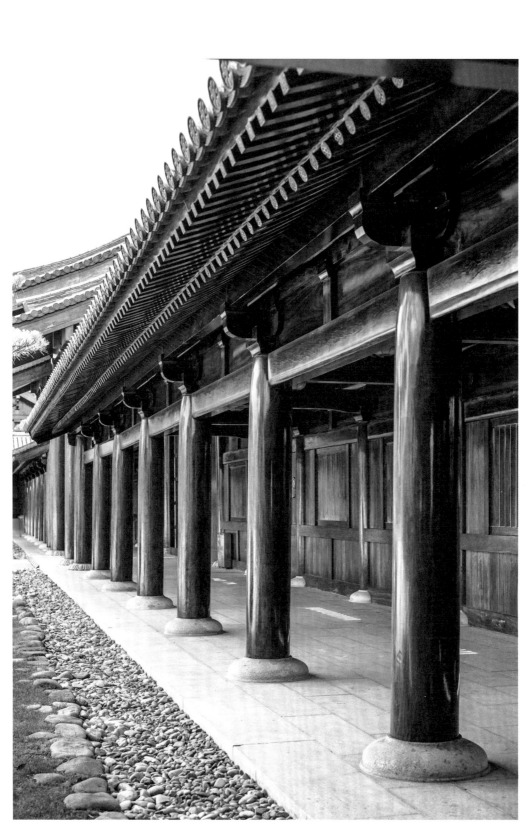

图5-2-9　廊庑柱子（柱径400mm）

木材运回宝山寺后，院方辟出场地，搭建近1 700m²的简易厂房，生产以及存放成品构件。上海空气湿度高，花梨木久置于户外，外层会产生一层极易腐烂的白色表皮。初期施工团队尝试用塑料布将木材包裹住，反而不通风，湿气聚集在塑料布中，既没有维护好木材，操作也繁琐。之后发现只要将地下架空，保持通风，使用时刨去腐烂的白色表皮即可，中间红色心材耐腐蚀性强，依旧可以正常使用（图5-2-10）。

图5-2-10　红花梨木堆放于场地中

2004年，施工团队根据设计图纸在现场开始试生产大雄殿的木构件，大雄殿及天王殿等主体建筑都是以非洲红花梨木为主材，小部分小木作使用落柄杉木。生产车间内配置了各种传统木作工具以及机械设备，以手工与机械化操作互相配合的方式进行木构件加工与制作（图5-2-11～图5-2-13）。合作各方从生产管理到质量控制都提供了完善的设施及服务，也为匠人们提供了良好的物质及生活条件，使他们能在长达十余年的时间内完成宝山寺近万件木构件加工制作。

刘师傅感慨道："这些事情在那时候倒没觉得有什么特别，如今想起来才感觉到非常感动。千年良木难求，宝山寺能在短期内将需要的优质木料搜集齐备，也是因缘难得！"

练祁河畔立宝塔，芦苇荡边搭工棚。青春年华在"木"不暇接中走过，在入"木"三分中唱响（图5-2-14、图5-2-15）。

图5-2-11　斜凿扦平（1）

图5-2-12　斜凿扦平（2）

图5-2-13　斜凿扦平（3）

图5-2-14　宝山寺建设当年正在加工木材的刘生良

图5-2-15　三角尺线条标记

三、木作智慧

　　中国的榫卯结构蕴含"不把路堵死，不把事做绝"的人生哲学。要实现这一木结构体系，需要匠人们精确到一丝一毫的极致，需要十年如一日的决心。木材看着一般粗，其实都是有区别的，工匠就得利用智慧，合理地搭配木料。"你必须看老师的操作要领，看他的动作，才能够悟出来，掌握得到。这些东西，完全靠书本去看，是悟不到真谛的"，刘师傅娓娓道来。（图5-2-16、图5-2-17）

图5-2-16　推刨修整

图5-2-17　平闇拼装

2016年，宝山寺金塔举行奠基仪式，为减少施工误差、材料浪费，在一个实体木构件制作出来前，会经历三遍放样。刘师傅先在地上画样，再画在三合板上，用三合板做1∶1样板，再以此为标准做实体木构件。设计单位和施工单位积极配合，各方确认无误后，才按打样的方案去做，确保现场的一比一实体构件组装成功。宝山金塔依照自内而外的顺序进行木构件制作及安装，这是个浩大的木建筑拼装过程，需要塔式起重机吊装，单次构件重达数百吨，每次拼装耗时近一周。每一个木构件都有编号，明确使用位置，不得随意更换调整，结顶时更是安装重达6t的塔刹，层层垒起，终成高耸（图5-2-18、图5-2-19）。

木材相互咬合又彼此避让，用以柔克刚的方式，承受巨大的压力与变数，展现结构的极致力量。人对木的选择和使用，人与木的相处和相互熏陶，从而创造 "千年不倒的连接"。"上海好几个规模宏大的寺院都有我们的参与，仅在上海我就参与了几十个寺院的营造和修复，有龙华塔、兴教寺塔、真如寺大殿、豫园明清古建筑群、静安寺等。浙江就

图5-2-18　半俯瞰金塔

图5-2-19　金塔塔刹

更多了，包括东阳巍山赵氏聚居、东阳湖溪马上桥花厅等。"刘师傅自豪地说。匠人师傅们都很普通，也许就是生活在我们身边的邻居；他们也很专注，认定的事情一做就是一生（图5-2-20、图5-2-21）。近年来，随着文化遗产保护意识的提升，古建筑市场不断扩大，但从业者老龄化严重，年轻人难得一见，甚至面临后继无人的局面，还有多少人掌握了这种最古老的木架构营造技艺呢？幸而，我们的身边还有像刘师傅这般，值得我们引以为骄傲自豪的传统工艺传承人执着地坚守和传承着传统文明所留下来的传统手工艺。

图5-2-20　寸凿开榫（1）

图5-2-21　寸凿开榫（2）

匠人精神的价值在于对传统技艺的专注、坚持、传承和精益求精，在于对精品的执着和毕生追求。让中国传统建筑营造技艺焕发内在的生命活力，用传统古法技艺还原古建之美，维护原有的风貌，离不开匠人们的精湛技艺以及中国传统建筑营造技艺传承人的匠心坚守。

①②
刘敦桢. 中国古代建筑史 [M]. 北京：中国建筑工业出版社，2005.

第三节　宝山寺传统木结构营造技艺的保护与传承

一、传承传统木结构营造技艺的文化艺术价值

中国传统木结构早在春秋时期就已经成为建筑的主要结构形式，并随着奴隶制度的发展，逐渐形成了中国独具特色的"工官制度"。自战国时代，中国进入封建社会，地主阶级的形成极大地激发了经济与文化的发展，在汉代形成了完整独特的木结构建筑体系；历经两晋与隋朝的发展，木结构建筑体系在唐代达到巅峰，代表了中国封建社会制度的成熟及经济繁荣。①中国传统木结构作为世界上独特的建筑体系是中国传统文化的智慧结晶，在建筑技术和艺术上都达到了极高的水平。宝山寺木结构形制参考了两处唐代遗存的珍贵建筑实例：其一为唐建中三年（782年）修建的山西五台县南禅寺大殿；其二为唐大中十一年（857年）建造的佛光寺大殿，这是目前保存最完整、规模最大的唐代木结构建筑，台基宽大而低矮，柱子有明显的侧脚和生起，斗栱硕大，出檐深远，瓦顶平缓，屋面饰以朴素的瓦条脊和高大的鸱尾，整体造型端庄稳重，风格古朴而完美，"规模宏大，气魄雄浑，格调高迈，整齐而不呆板，华美而不纤巧"②。

宝山寺从建筑群体规划布局到单体建筑都体现了盛唐时代的艺术和技术水平，体现了重要的文化价值。其施工技法深入研究了中国古建筑鼎盛时期的特征和形制，运用传统的材料及营造方式复兴特定历史时期的建筑风貌和院落规划，使传统工艺技术和文化得以传承与再现。完整的施工记录将传统木结构手工艺从古代带进了现代，更将它宝贵的文化价值传承给未来。传统营造技艺的价值不仅仅体现在唐式建筑的精美呈现，更体现在整个施工过程中。将当代的匠人和千百年前的古代匠人通过"营造法式"紧密联系在一起，将古代的施工技法、传统材料和构造措施进行复用、复原与再创造，形成了21世纪的宝山寺，使之成为优秀历史遗产传承给后世。

二、传承传统木结构营造技艺的科学价值

中国古建筑木结构营造技艺具有高度的科学研究价值，通过现代工程技术及计算机BIM技术复建宝山寺，传统工匠的精湛技艺和科学的建造技术得以成功结合，为新时代传承中国传统文化打下了坚实的科学基础。寺院总体布局采用了中轴线对称及主次院落形式，体现了中国传统礼仪和等级制度，而贯穿全园的步行连廊，又具有以人为本，崇尚与自然融合的文化思想。在建筑单体比例上符合唐式建筑风貌的精美华丽，各部分比例严格按《营造法式》中的模数及规则来确定，屋顶形式按建筑等级进行分配与设计。采用侧脚、生起、举折、推山及收山等构造措施来科学地调整人的视觉比例，同时也解决了重要的功能需求。例如举折使出檐深远的屋顶向上翘，不但增加了日光的摄入也缓解了暴雨季雨水冲坏台基附近地面的风险。卷杀使笨重的承重构件形成弧线形状，不但减轻了构件重量，同时也增加了建筑的美感。营造技艺中结构与装饰构件的完美结合，是重要的科学价值之一，例如，斗栱作为古建筑的重要特征，既是结构承重构件又是极具艺术效果的装饰构件，很多设计理念及科学的构造措施对现代建筑的设计和施工都有很好的借鉴意义。在当代匠人缺失，传统技术濒临失传的大背景下，整个复建过程为复兴传统木结构施工技术积累了大量的经验和教训。结合现代的科技手段对工程进行记录和补充，工程资料日后必将成为指导优秀古建筑修缮或复建的珍贵科学档案。

三、宝山寺传统木结构营造技艺的保护与传承

宝山寺移地重建依照唐宋营造技艺，参考现存唐代遗构，施工过程全部采用我国传统木结构建筑营造技艺。唐宋时期，是我国传统建筑营造技艺的稳定、成熟时期，营造过程中的各部分做法，都在长期实践、总结中凝结为一定的规制，如宋代官书《营造法式》。宝山寺业主秉持传承弘扬传统营造技艺的宏愿，团结民间哲匠，研习古代技法，将传统技艺，特别是唐宋的营造技艺应用到唐式传统木结构建筑群（宝山寺）建造过程中。工匠们使用传统工具，沿袭传统的工艺，对大木作、小木作、砖瓦石作等流程一丝不苟，锱铢必较，或弹线定位、开槽凿孔，或打磨成材、组合成型；对营造中的构件样式、模数尺寸、加工与装配方

法及操作仪式等，都力图遵循唐宋时期传统建筑的营造工艺与工序。在宝山寺复建的过程中，工匠们不仅再现了传统木结构的营造技艺，还复原了大量中国传统的建筑材料的施工技术及艺术表现，例如精美的石雕、彩绘、壁画，以及室内装饰和风景园林，融合成整体建筑风格，创造出非凡的技术和艺术成就。壮硕精巧的梁、柱、斗栱，明晰柔美的侧角、生起，深远之飞檐，匠心之园囿，宝山寺以纯朴的建筑语言复原呈现了中国8—10世纪蔚为大观的唐宋风致，使得中国传统建筑思想与匠意得以充分传承。

宝山寺的建造，既是传统营造技艺本身实现的过程，也是营造技艺在营造实践中得以传承的活态保护方式，体现了中国传统木结构建筑营造技艺内在的生命活力。目前，唐式传统木结构建筑群（宝山寺）已被中国艺术研究院建筑艺术研究所命名为"中国传统木结构营造技艺项目传承保护基地"（图5-3-1）。为此，宝山寺成立了上海宝山寺传统木

图5-3-1　宝山寺非物质文化遗产传承

结构技艺传承馆，该传承馆建立了一支由宝山寺方丈挂帅的研究队伍，对中国传统木结构营造技艺不断挖掘整理并在实践中发扬光大。今后，将持续以新建、迁建、隔时重建、模型复建等多种方式，将中国木结构建筑营造技艺活化而存续，并在这个过程中不断扩大传承人队伍、建立项目专题档案，向社会公众普及项目知识和技能，将这份非物质文化遗产保护好、传承好。

历经500年风雨洗礼和几代传人的艰苦努力，宝山寺新老建筑群体紧紧相依在练祁河畔，它不但承载了中国传统的人文思想、建筑文化，同时又展现了中国古建筑的雄伟及华丽、木结构营造技术的高超和智慧。成功地被录入上海市非物质文化遗产名录，是宝山寺建筑保护的重要里程碑，未来的宝山寺作为历史遗产必将面向更广泛的社会大众，承载更多的传统手工艺的传承责任。在展现晚唐盛世的建筑风貌、人文环境的同时，如何融入高速发展的当今社会，如何应对各种环境变化、时代变迁，如何保持可持续的发展和利用，是每个优秀历史遗产面临的新挑战。作为全人类的共同遗产，历史建筑及非物质文化遗产的保护需要全社会共同认知它们的普世价值，共同努力以科学的管理方式，尊重历史的态度，珍视专业技能，这样才能让我们的宝贵文化遗产在历史的洪流中生生不息，源远流长。

附录1 宝山寺大事记（图说）

612年 唐代以前，宝山寺所在的上海市罗店地区位于吴淞江以北最东一条冈身（娄塘、嘉定、马陆、南翔一线）以东约16km，尚未成陆。后在长江和海水交互作用下，流沙沉积，该地区逐渐涨为陆地。初始尚无居民，隶属昆山县。

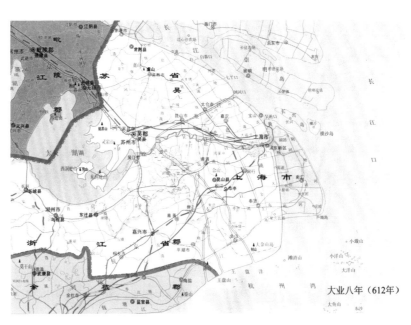

附图1　612年海岸线

713年 唐开元元年，官府修建了长150余里的古捍海塘。罗店地区处于冈身与海塘之间，东西各相距约20km。

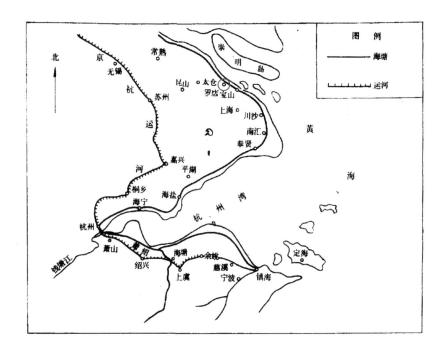

附图2 古代江浙海塘分布图

1085年 北宋后期，罗店地区开始有人居住。自开挖顾泾、大川沙、黄白泾等河道后，居民以渔盐为业，黄白泾（今聚源桥）形成聚落。

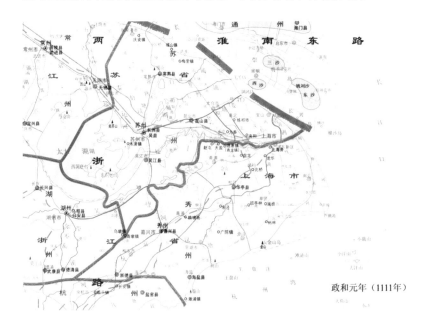

政和元年（1111年）

附图3 1111年海岸线

① 黄姚镇（又称黄窑镇、黄姚港）北宋时设黄姚盐场，隶昆山县。南宋开禧二年（1206年）起，黄姚成为长江口的贸易港口。南宋嘉定十年十二月（1217年）起，隶嘉定县。《宋会要辑稿》：嘉定十三年（1220年），"黄姚税场系两广、福建、温、台、明、越等郡海船辐辏之地……每月商税，动以万计。"

② 赵孟頫（1254年10月20日—1322年7月30日），字子昂，汉族，号松雪道人，又号水晶宫道人（一说水精宫道人）、鸥波，中年曾署孟俯，吴兴（今浙江省湖州市）人。南宋晚期至元朝初期官员、书法家、画家、诗人，宋太祖赵匡胤十一世孙、秦王赵德芳嫡派子孙。

③ 中共上海市宝山区罗店镇委员会，上海市宝山区罗店镇人民政府. 罗店镇志[M]. 上海：上海大学出版社，2005.

1217年 南宋嘉定十年，罗店地区归属嘉定县，凭借丰富物产和鱼米之乡的优势，逐渐发展成集镇。

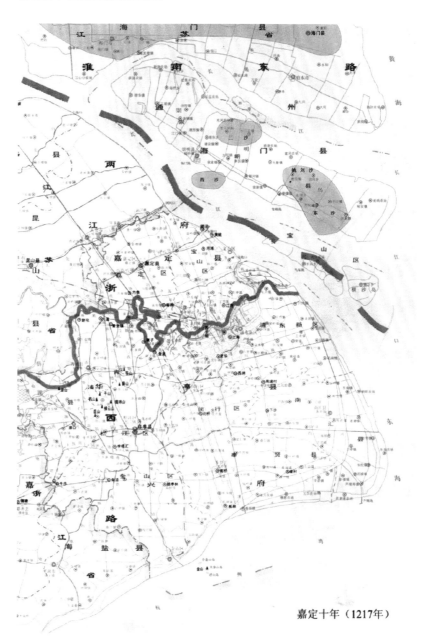

嘉定十年（1217年）

附图4 1217年海岸线

1341—1370年 据《罗店镇志》记载，元代至正年间，罗升出生于黄姚镇上①（今上海市宝山区西北盛桥镇北）。罗升父亲罗健是书画家赵孟頫②家的书僮，早年随赵孟頫父亲赵峑来到黄姚镇。罗升十六岁的时候，罗健夫妇双双病故③。

附图5　罗升出生

附图6　罗升父母相继病故

①②
中共上海市宝山区罗店镇委员会，上海市宝山区罗店镇人民政府. 罗店镇志[M]. 上海：上海大学出版社，2005.

据《罗店镇志》记载，相传某日东海暴涨，海水变得奇苦难当，如老一辈人常说"苦水煮盐"，罗升遂用海水煮盐，得盐是往日的十倍[1]。

三年后，罗升离开了黄姚镇，西行至"四都"（先时罗店地名，现西巷街一带）后，落脚于此开设商店、窝铺（即旅馆），辟建市街，始名罗店[2]。

附图7　苦水煮盐

附图8　梦佛

自元代创市后，罗店镇因棉花、棉布业盛行而商业渐趋繁荣。经济的发展、人文的荟萃，为宗教发展及建筑营造的兴盛奠定了良好的物质基础，镇上佛教信徒众多，富户人家纷纷舍宅为寺。

1506—1566年 明正德、嘉靖年间，罗店士绅唐月轩将自己的宅第捐为佛祖场所，题名为真武阁，又名北极阁[①]。

①
清光绪《罗店镇志》记载：明正德六年（1511年），罗店人唐月轩把自己的豪宅捐为供佛的场所。

附图9　唐月轩舍宅为寺

1573—1620年 明万历年间，罗店跃居当时嘉定县七镇四市之首（即罗店、南翔、安亭、黄渡、江湾、青浦、娄塘七镇，以及钱门塘、广福、瓦浦、真如四市）。镇上发展出了西巷、塘东、塘西、横街等棋盘方格形式的街群，旧志有"街衢综错，宛成棋枰绮脉之形"的记载。

附图10　罗店街市繁忙

1662—1722年 清康熙年间，罗店镇上增辟亭前街、北街、南弄、赵巷、蒋巷等，成为拥有"三湾九街十八弄"的大镇，志书载"比闾殷富""徽商辏集"，居民达50 000人，成为嘉定县最大镇（当时罗店镇属江苏省苏州府嘉定县），有"金罗店"之誉。

附图11　金罗店

1724年 清雍正二年后，罗店改属宝山，户口滋繁，遂为巨镇。

1762年 清乾隆二十七年，唐月轩后人重修真武阁。

1785年 清乾隆五十年，举人范连游罗店时，有《登真武阁》诗云："不到谈元地，今经二十秋。浮生闲半日，高阁得重游。春水一溪乱，晴烟小市浮。老僧同话旧，莲社几人留。"这其中提到的"高阁"便是真武阁。

1821—1850年 清道光年间，唐月轩的后人唐肇伯再修殿堂，供佛像于中厅，又供奉道教之神于真武阁，并将唐月轩像供于后阁前西厢房，将整个建筑群改名为玉皇宫。历经明清两代，罗店寺庙达46所之多，其中以东岳庙、玉皇宫为最大。

1861年 太平军李秀成率军攻沪，罗店镇上的富户宅第、亭台楼阁、园林寺院皆受到严重破坏，玉皇宫遭到波及，仅存真武阁。

1862—1874年 清同治年间，太仓县南广寺僧人今涌偕僧徒行脚至罗店，住真武阁，见庙宇破落，多方募化集资，历时二十年整修殿堂。

1879年 光绪五年，今涌率领弟子们兴建山门、朝房、后两厢房。

1886年 光绪十二年，今涌率领弟子们翻修真武阁，建大雄宝殿。大雄宝殿为二层砖木结构，面阔五间，穿斗式梁架，歇山顶。供奉释迦牟尼佛像于真武阁楼上。

1899年 光绪二十五年，今涌率领弟子们创建祖堂、塔院（即后来的天王殿）。天王殿为一层砖木结构，面阔三间，歇山顶，殿内左侧竖立石碑一通及一尊弥勒石佛像。石碑中刻有弥勒佛像，额题篆书阴文引"接引弥陀"，石碑右上角刻有跋"上报四重恩，下拔三途苦，若有见闻者，悉发菩提心"；右下角书刻今涌和尚率徒念方修建寺庙的经历，时间为光绪二十五年（1899年）乙亥秋月。新建的玉皇宫供释迦牟尼像，凿阿弥陀佛石像，但在名号上仍沿用"玉皇宫"本名，形成较为完整的佛教寺院，自此以后，香火甚盛。

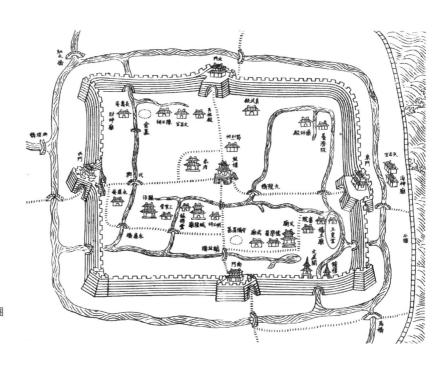

附图12 光绪年间罗店县城图（红圈内为玉皇宫）

1933年 自光绪年间今涌立寺后，先后有念方、起壅、缔丰担任宝山寺住持。1917年，时年8岁的缔丰进寺，礼起壅为师，至24岁，即1933年，成为玉皇宫住持。

附图13 20世纪30年代罗店镇

1937年 民国二十六年，8月13日，"八一三"淞沪抗战爆发。自23日起，中日军队在罗店进行了13次拉锯式争夺战，双方伤亡惨重，时称罗店为"血肉磨坊"。战争使全镇几乎变成一片焦土，玉皇宫除大雄宝殿及祖堂塔院（即天王殿）外，其余建筑全部圮废。

附图14　"八一三"战后罗店镇断垣残壁

1949年 5月13日，中国人民解放军解放罗店；10月1日，中华人民共和国成立。之后，由慧宇担任玉皇宫住持。

附图15　1949年10月1日，中华人民共和国成立

1960年 上海市人民委员会将玉皇宫列为二类宗教场所。

1966—1976年 "文化大革命"期间，佛像被毁，众僧离散，玉皇宫改为锁厂员工宿舍。

1978年 12月18日，中国共产党第十一届中央委员会第三次全体会议在北京举行，各项政策得到落实，爱国宗教活动逐步恢复。

附图16　中国共产党第十一届中央委员会第三次全体会议

1987年 上海开凿新练祁河，直通位于宝山区盛桥镇的上海宝山钢铁总厂，为上海市重要干河之一。新河道经过玉皇宫前部。

附图17　1985年建设中的宝钢厂（于文国 摄）

1988年 4月，宝山宗教部门为落实宗教政策，保护古建筑，恢复宝山寺佛教活动场所，并将其作为静安寺的下院全面修缮，由静安寺派遣年逾七旬的从达法师前来主持重修，重建菩萨佛像，修缮工程于11月底竣工。

①
图片来源：百度图片。

附图18　练祁河与旧宝山寺^①

1989年 1月15日是释迦牟尼成道日，时任上海市佛教协会会长真禅和明旸法师为佛像殿堂开光，玉皇宫正式改称为"梵王宫"并对外开放。"梵王宫"之名，取自北宋政治家、文学家王安石咏宁波天童寺的诗："村村桑柘绿浮空，春日莺啼谷口风。二十里松行欲尽，青山捧出梵王宫。"山门为宫殿顶牌楼式门坊，山门题词出自时任上海市佛教协会会长、玉佛寺方丈真禅法师之手。进门一天井，坐落着天王殿，殿内供弥勒佛、韦驮及四大金刚，再进又一大天井，有铁鼎及燃点香烛大棚，两侧有厢房，为接待室，正北即大雄宝殿（原真武阁），殿内供释迦牟尼及文殊、普贤菩萨，楼上为藏经楼。

附图19　**梵王宫历史**

1993年 4月15日，梵王宫更名为宝山寺，以便市区及市外地区信徒来宝山进香，当时全寺建筑面积为1018.77m²。7月，寺内隆重举行天王殿四大天王佛像开光典礼，明旸法师主持典礼。

附图20 20世纪90年代的宝山寺

1994年 9月20日，宝山寺再次更名为"宝山净寺"。

附图21 宝山净寺山门

1995年 建成玉佛殿，从缅甸请来玉佛卧像，供于该殿。楼上供奉毗卢遮那佛，佛周围上下，按八个方位在相隔丈余处，设十面镜子，面面相对，佛前电灯一开，原本单独位于中间的一座金佛，经过镜子的层层复照化为无数金身，体现了《华严经》中"事事无碍""重重无尽"的境界，这让玉佛殿成为佛界少有的利用科学原理呈现佛经要义的殿堂。11月28日，宝山净寺举行玉佛开光仪式。

1996年 万佛楼落成，楼上屋顶有三个大圆穹，每圆穹有13 300多佛，故称万佛楼。

附图22　万佛楼

1997年 11月21日，宝山净寺举行万佛楼佛像开光、观音殿奠基暨从达方丈升座仪式，来自上海各区县及苏、浙、皖等地的信众8 000余人参加了这一盛会。

1999年 新建圆通宝殿，系四层大楼。寺内还建有一座三层楼的"上海佛教安养院"，专门安置年老体弱的僧人及老年信徒，供他们在这里安度晚年，充分体现了1989年中国佛教协会会长赵朴初的题词："老有所终，大同理想。报众生恩，扶老为上，如奉父母，如敬师长。美哉梵宫，不殊安养。"的词义。重建后的宝山净寺，为宝山区第一大寺，亦是上海市大寺之一。

附图23　时任中国佛教协会会长赵朴初题词

1999年 11月18日，区佛教协会第一届代表会议在宝山净寺召开，同时还举行梵王宫开放10周年庆典活动。

2000年 11月16日，宝山区佛教协会成立，第一届代表会议在宝山净寺内召开。

2001年 1月5日，上海市政府印发了《关于上海市促进城镇发展的试点意见》，努力构筑特大型国际经济中心城市的城镇体系，明确上海"十五"期间重点发展"一城九镇"，罗店镇是这九镇之一。罗店老镇改造正式启动，宝山寺也被政府纳入老镇改造规划中。经市区政府、镇政府及有关部门研究决定，重新建设宝山寺。同年，从达法师圆寂。

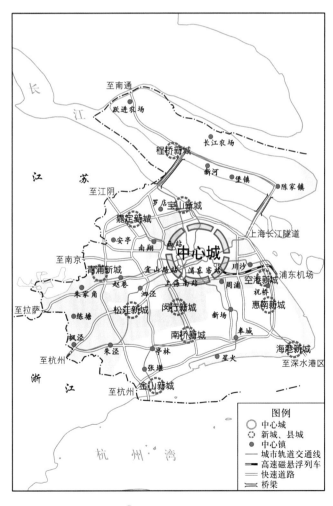

附图24　一城九镇规划图①

---

① 图片来源：《解放日报》。

2002年 9月，受上海市佛教协会委派，原圆明讲堂监院世良法师至宝山净寺任代住持、寺管会主任。世良法师1966年6月生于浙江苍南，俗姓郑。现任上海市佛教协会秘书长，上海市宝山区佛教协会会长，上海宝山寺方丈。1982年8月出家，1985年8月考入中国佛学院灵岩山分院，1987年7月毕业。随后至上海龙华古寺依止明旸先禅师。1990年1月至上海圆明讲堂任监院、堂务委员会副主任。1995年年底，承先师明公上人垂慈传付临济、曹洞心印，为临济宗第四十二世、曹洞宗第四十八世法嗣。

2002年 10月，经宝山区宗教办批准，"宝山净寺"更名为"宝山寺"。

2003年 3月，世良法师在宝山区政协五届一次会议上提交了《配合罗店中心镇开发建设，高品位、人文化地改建宝山寺》的提案。

附图25　世良法师近照

2003年 6月，宝山区政府相关部门作出了明确批示，同意立项并将其列入当年的重点实施推进项目之一。

2003年 9月17日，世良法师举行升座仪式，正式担任上海宝山寺方丈。

2004年 年底，宝山寺方丈世良法师委托原构国际设计顾问，开始进行宝山寺移地重建工程项目的规划设计。

配合罗店中心镇开发建设，高品位、人文化地改建宝山寺

（上海市宝山区佛教协会）

随着我国跨入小康社会、上海2010年世博会的申办成功，上海的城市规划有了很大的发展，城乡的差距也越来越不明显，纳入上海"一城九镇"发展规划的宝山罗店中心镇建设也已经启动，这些给身处罗店镇的上海市宝山寺带来了新的发展机遇。

上海宝山寺是我区规模最大的佛教活动场所，从1511年始建以来，历经明、清、民国时期，数经兴废。自1988年政府落实宗教政策，先为丈从达老和尚驻锡以后，在市区各级政府领导的关心支持下、在寸方善信的热诚扶持下以及全体僧众的共同努力下，宗教信仰自由政策全面贯彻落实，宝山寺也得以发展成为本区乃至上海地区一所较大规模的寺院。

但是在恢复建设的过程中，由于受到资金不足、土地使用等各方面因素的制约，宝山寺在寺院建设上还有种种不如意的情况存在着：

1. 整体规划上的不足：由于当初复建时仅征一块地，建二座殿堂，且没有进行统一的整体规划，建筑形式混乱、寺院布局凌乱，不符合佛教规范要求，无法体现佛教文化传统。特别是大雄殿这一主要佛事活动场所，场地狭小，内部装饰格局更谈不上如法如仪，已经无法满足广大信教群众的要求。

2. 建筑质量上的问题：由于当时施工时没有请有古建筑施工资质的建筑设计施工单位来进行设计和施工，僧寮、斋堂、香光堂等殿堂建成不久就暴露出种种质量问题，消防设施不配套、电力设备不齐全，下雨时渗水、刮风时掉瓦等情况屡有发生，在今年初就曾发生万佛楼屋檐块水泥被风吹落，砸坏香客停放在寺院内的小车的事故。

附图26　《配合罗店中心镇开发建设，高品位、人文化地改建宝山寺》首页

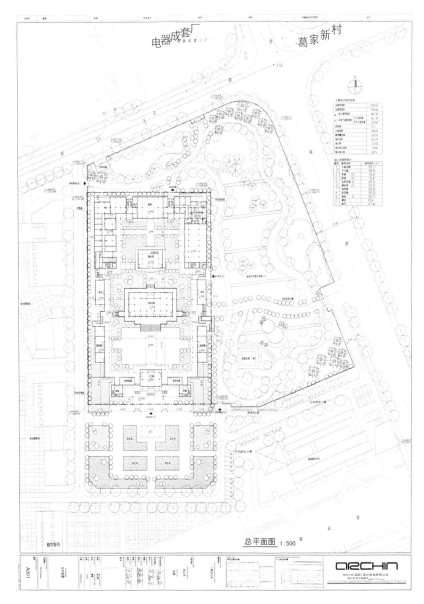

附图27　设计总图

2005年　宝山寺移地重建工程正式启动。5月29日上午，宝山寺在新址举行移地建设项目奠基庆典，宝山区区委副书记兼政协主席，区委常委，区政协副主席，区委统战部部长及罗店镇书记、镇长，区规划局、市佛教协会、市民宗委等相关部门领导及信众出席活动。

2007年　1月2日，宝山寺隆重举行大雄殿上梁法会。

附图28　上梁庆典法会

2009年 11月，上海宝山寺移地改扩建工程项目荣获第三届全国民营工程设计企业优秀设计华彩金奖。

附图29　华彩奖奖牌

2010年 4月17日上午，宝山寺隆重举行从达老和尚灵骨入塔法会，宝山寺全体法师，老和尚信众弟子约200人参加了法会。

2010年 4月18日上午10点，宝山寺隆重举行从达老和尚圆寂十周年传供法会。本寺全体法师，老和尚信众弟子约300人参加了法会，并邀请上海市佛教协会名誉会长、上海真如寺方丈妙灵老和尚，上海市佛教协会会长、上海法藏讲寺方丈光慧大和尚等诸多高僧大德共同主法。

2010年 11月，经过五年多的建设，宝山寺移地重建工程竣工。

附图30　2010年的宝山寺

附图31　2010年的宝山寺鸟瞰

2010年 12月18日，宝山寺全体僧众正式搬进新寺院。12月23日，工程通过上海市建设工程"白玉兰"奖专家组考评验收，这是上海市首次有新建宗教场所整体参评市级优质工程奖项。

2011年 1月11日上午，寺内隆重举行了"上海宝山寺开山五百周年移地重建落成暨全堂佛像开光庆典"活动。由参加庆典的党政领导和诸山长老共同开光揭幕。

附图32　白玉兰奖奖杯

附图33　庆典活动现场

附图34　大雄殿

附图35　庆典活动现场

2011年 5月5日，宝山区在寺院东侧辟地30余亩为寺院规划建设配套园林——祇园，原构开始祇园的建筑规划设计工作。整座园林，以宗教园林为源起，以罗店文化古镇为背景，以仿唐建筑为核心，以山石植物水体为内容进行造园。

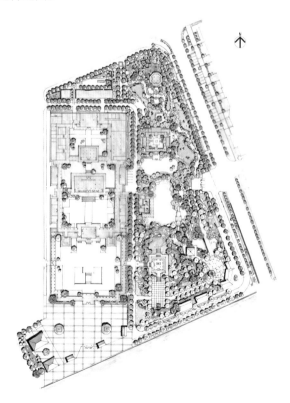

附图36　规划总图

2011年 6月12日，大型佛教油画《海会云集》入藏宝山寺。该油画全长14.2m、高3.76m，由沪上知名画家蒋云仲先生耗时近五年创作完成，并捐赠给宝山寺。

2011年 9月，上海宝山寺移地改扩建工程项目荣获2011年度上海市优秀工程设计三等奖。11月7日，2010—2011年度中国建设工程鲁班奖（国家优质工程）颁奖大会在北京人民大会堂贵宾厅隆重举行，上海市宝山寺荣获我国建筑行业工程质量的最高荣誉奖"鲁班奖"。

2011年 12月2日上午6时，宝山寺二期工程"佛教园林"启动。园内建筑的布局主要以金塔为中心，从北向南依次布置有佛香阁、松涛轩、桥亭、水心榭和妙喜亭，景观绿化依组团布置穿插其中。

2013年 8月，为填补国内高层纯木结构塔设计建造的空白，在上海市科学技术委员会、宝山区委、区政府和罗店镇等各级领导的大力支持下，上海市科学技术委员会设立题为"传统楼阁式高层纯木结构塔设计与施工技术研究"（课题编号：13231201700）的科研计划项目课题。

附图37　**鲁班奖**

附图38　**科研项目统筹管理会议**

2015年 12月，由原构负责建筑设计与理论方法研究及BIM技术信息管理研究的宝山祇园金塔1∶5模型抗震实验取得成功，在同济大学嘉定校区顺利通过测试。实验中，楼阁式木塔振动台试验强度成功加到8度罕遇（0.8g，加速度比例2.0），木塔一阶频率小幅下降，但木塔稳立不倒，且没有明显结构损伤。经过2年多的设计研究、一系列精密数据计算、实体模型模拟，此次振动台实验的成功验证了本次设计的精准性、安全性，为宝山祇园金塔的开建提供了坚实的理论数据支持。

附图39　**实验现场**

2016年 宝山寺与中国艺术研究院建筑艺术研究所合作成立"中国传统木结构营造技艺的项目传承保护基地"。

2016年 6月，上海宝山寺仿唐木结构建筑群被中国艺术研究院建筑艺术研究所评为中国传统木结构建筑营造技艺（人类非物质文化遗产）优秀实践项目。

附图40 优秀实践项目证书

2017年 宝山区文保所对宝山寺旧址中的天王殿（原祖堂塔院）和大雄殿（原真武阁）两处文物建筑进行了保护修缮。

附图41 修缮后的宝山寺旧址天王殿

2018年 上海宝山寺传统木结构技艺传承馆以"中国传统木结构建筑营造技艺（宝山寺唐式木结构营造技艺）"为项目申报第六批上海市非物质文化遗产代表性项目。

2019年 4月，"中国传统木结构建筑营造技艺（宝山寺唐式木结构营造技艺）"，正式入选第六批上海市非物质文化遗产代表性项目名录和扩展项目名录。

附图42　申报书

附图43　入选名录

2019年 12月11日，上海市科学技术委员会组织召开了由上海金罗店开发有限公司、上海原构设计咨询有限公司、同济大学、上海古建装饰有限公司和上海宝冶工程技术有限公司承担的"传统楼阁式高层纯木结构塔设计与施工技术研究"（课题编号：13231201700）项目验收会。上海金罗店开发有限公司负责课题01：传统楼阁式高层纯木结构塔项目综合管理技术及木塔典型节点和墙体试件的制作。上海原构设计咨询有限公司主要负责课题02：基于 BIM 技术的传统楼阁式高层纯木结构塔设计理论和方法研究。同济大学主要负责课题03：传统楼阁式高层纯木结构塔受力性能研究。上海古建装饰有限公司负责课题04：传统楼阁式高层纯木结构塔施工技术研究。上海宝冶工程技术有限公司负责课题05：传统楼阁式高层纯木结构塔检测、检测方法研究。验收专家一致认为，项目组已完成任务书的各项考核指标，同意通过验收。

附图44　验收会现场

2021年　宝山祇园土建工程完工。整座寺院（一期及二期佛教园林）总建筑面积约12 000m^2，规模位列沪上佛教寺院之首。

2023年　6月，宝山祇园建筑室内装修工程完工，"宝山重辉"祇园开园暨祇园雅集开幕仪式隆重举行，宝山祇园正式向公众开放。

附图45　即将完工的宝山祇园

附图46　开幕仪式现场

历经20年潜心雕琢，建成后的宝山寺（新）是华东地区规模最大的纯木结构唐式建筑群，祇园中的金塔是中国乃至世界近千年来第一个新建7层纯木结构仿唐风格楼阁式高层建筑。宝山寺（新）、梵王宫旧址及祇园，共同组成以佛教文化、中国传统文化为中心的新人文景观带。

附图47　宝山寺建筑群航拍

附录 2

附表1 《营造法式》中关于"材""栔""份"的规定

等级		材		栔		每份值	断面尺寸及适用范围（原文）
		h1	b1	h2	b2		
一等材	寸	9	6	3.6	2.4	0.6	广九寸，厚六寸 右殿身九间至十一间则用之
	mm	288	192	115	77	19.2	
二等材	寸	8.25	5.5	3.3	2.2	0.55	广八寸二分五厘，厚五寸五分 右殿身五间至七间则用之
	mm	264	176	105.6	70.4	17.6	
三等材	寸	7.5	5	3	2	0.5	广七寸五分，厚五寸 右殿身三间至五间或堂七间则用之
	mm	240	160	96	64	16	
四等材	寸	7.2	4.8	2.9	1.9	0.5	广七寸二分，厚四寸八分 右殿三间，厅堂五间则用之
	mm	230.4	153.6	92.2	61.4	15.4	
五等材	寸	6.6	4.4	2.64	1.76	0.4	广六寸六分，厚四寸四分 右殿小三间，厅堂大三间则用之
	mm	211.2	140.8	84.5	56.3	14.1	
六等材	寸	6	4	2.4	1.6	0.4	广六寸，厚四寸 右亭榭或小厅堂皆用之
	mm	192	128	76.8	51.2	12.8	
七等材	寸	5.25	3.5	2.1	1.4	0.35	广五寸二分五厘，厚三寸五分 右小殿及亭榭等用之
	mm	168	112	67.2	44.8	11.2	
八等材	寸	4.5	3	1.8	1.2	0.3	广四寸五分，厚三寸 右小殿藻井或小亭榭施铺作多则用之
	mm	144	96	57.6	38.4	9.6	

注：1宋尺=10宋寸≈0.32m，1寸=10份；表中寸为宋寸。

附表2 遗留存世唐宋古建筑檐柱高度比统计表

序号	殿名	年代	地点	柱高h/cm	檐口高H/cm	檐柱比H/h
1	南禅寺大殿	782	山西	382	539	1.41
2	佛光寺大殿	857	山西	499	748	1.50
3	镇国寺大殿	963	山西	342	527	1.54
4	华林寺大殿	964	福建	478	743	1.55
5	阁院寺大殿	966	河北	455	662	1.45
6	独乐寺山门	984	河北	434	619	1.43
7	榆次雨花宫	1008	山西	408	572	1.40
8	保国寺大殿	1013	浙江	422	597	1.41
9	奉国寺大殿	1020	辽宁	595	863	1.45
10	晋祠圣母殿副阶	1023	山西	392	553	1.41
11	广济寺三大士殿	1024	河北	438	631	1.44
12	善化寺大殿	11世纪	山西	626	841	1.34
13	开善寺大殿	1033	河北	482	673	1.40
14	薄伽教藏殿	1038	山西	499	711	1.42
15	华严寺海会殿	11世纪	山西	435	551	1.27
16	隆兴寺牟尼殿副阶	1052	河北	368	538	1.46
17	隆兴寺牟尼殿龟头殿	1052	河北	382	541	1.42
18	应县木塔副阶	1056	山西	420	607	1.45
19	青莲寺中殿	1089	山西	377	553	1.41
20	佛光寺文殊殿	1137	山西	448	626	1.40
21	崇福寺弥陀殿	1143	山西	593	824	1.39
22	初祖庵大殿	1125	河南	353	472	1.34
23	善化寺三圣殿	1143	山西	618	872	1.41
24	晋祠献殿	1168	山西	350	500	1.43
25	华严寺大殿	1140	山西	724	963	1.33
26	平遥文庙大成殿	1163	山西	502	729	1.45

附表3　宝山寺大雄殿柱头铺作（外槽）构件表 　　　　　　　　　　　　　　　　　mm

名称	宽	高	长	备注
华栱	378	180	1 220	
二华栱月梁	（378）420	（180）280	6 040	乳栿内外槽总长
半驼峰	378	180	2 200	
翼形耍头	378	180	1 440	
后华栱	378	180	1 460	
头昂	352	180	5 000	
二昂	262	180	4 800	
衬枋头	378	180	2 030	
栿垫枋	472	180	1 104	
泥道栱	378	180	1 104	
瓜栱	270	180	1 104	隐刻
慢栱	270	180	1 984	隐刻
令栱	270	180	1 144	
替木	218	180	2 240	

注：1栔=0.4×270=108，378 为一材一栔（270+108）。

附表4　宝山寺大雄殿柱头铺作（内槽）构件表 　　　　　　　　　　　　　　　　　mm

名称	宽	高	长	备注
华栱	378	180	1 220	
二华栱月梁	（378）420	（180）280	6 040	乳栿内外槽总长
半驼峰华栱	378	180	2 880	
华栱月梁	（378）460	（180）320	103 400	
平棊枋半驼峰	（270）	180	4 610	

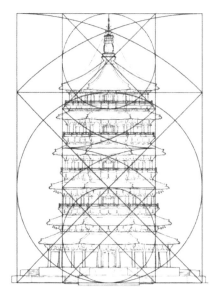

应县木塔立面图

附表5　应县木塔塔身高度尺度构成

部位	楼层		实测值（cm）		复原值（辽尺）			备注
			高度	小计	高度	小计	折合cm	
顶部	塔刹		1 150	1 974	39	67	1 973.8	
	屋顶		824		28			
塔身	五层	明层	412	773	14	26.25	773.33	层高缩减1/8
		暗层	361		12.25			
	四层	明层	455	884	15.5	30	883.8	
		暗层	429		14.5			
	三层	明层	455	882	15.5	30	883.8	
		暗层	427		14.5			
	二层	明层	458	883	15.5	30	883.8	
		暗层	425		14.5			
	一层	屋面	442	885	15	30	883.8	
		柱高	443		15			
塔基			440	440	15	15	441.9	
合计				6 721		228.25	6 724.2	

注：1辽尺=29.46cm；总高实测有偏差。

附表6　宝山寺金塔尺度构成

部位	楼层		尺度构成（层高）		尺度构成（面阔）		备注
			高度/mm	构成模式	心间/mm	梢间/mm	
顶部	塔刹		13 300	66.5A（13 300mm）			
塔身	七层	铺作层	4 100	31.5A（6 300mm）	18A（3 600）	12A（2 400）	
		柱间层	2 200				
	六层	铺作层	3 050	21A+5.25A（5 250mm）	19A（3 800）	13A（2 600）	
		柱间层	2 200				
	五层	铺作层	3 050	21A+5.25A（5 250mm）	20A（4 000）	14A（2 800）	
		柱间层	2 200				
	四层	铺作层	3 050	21A+5.25A（5 250mm）	21A（4 200）	15A（3 000）	基准层
		柱间层	2 200				
	三层	铺作层	3 050	21A+5.25A（5 250mm）	22A（4 400）	16A（3 200）	
		柱间层	2 200				
	二层	铺作层	3 050	21A+5.25A（5 250mm）	23A（4 600）	17A（3 400）	
		柱间层	2 200				
	一层	铺作层	3 650	21A+15.75A（7 350mm）	23A（4 600）	17A（3 400）	
		柱间层	3 700				
台明	二层		750	3.75A	15A（3 000）		
	一层		1 350	6.75A	23.75A（4 750）		
合计			55 300	276.5A			

注：A=200mm

附表7　宝山寺金塔与应县木塔面阔尺度构成比较　　　　　　　　　　　　　　　　　　　　　　mm

基准面阔	应县木塔（八边形的一个面阔）		宝山寺金塔（四边形的一个面阔）	
	A=440		A=200	
七层			42A	8 400
六层			45A	9 000
五层	18A	7 920	48A	9 600
四层	19A	8 360	51A	10 200
三层	20A	8 800	54A	10 800
二层	21A	9 240	57A	11 400
一层	22A	9 680	57A	11 400

注：应县木塔以第三层为基准，以其尺度8838mm的1/20（约440mm，以A表示）为变量，递加或递减而集成各层尺度结构。

后 记

①

中国营造学社于1930年2月在北平正式
创立，朱启钤任社长，梁思成、刘敦桢
分别担任法式、文献组的主任。学社从
事古代建筑实例的调查、研究和测绘，
以及文献资料搜集、整理和研究，曾编
辑出版《中国营造学社汇刊》。

本书不是一部中国传统建筑理论或历史的论著，而是一部关于用古老的中国传统建筑营造技术在当代复建传统样式建筑的图录记述；通过图文并茂的方式，验证并诠释古代的建造法则在今天的运用之可行性及意义。

正如备受世人尊敬的前辈建筑学者林徽因先生在其夫君梁思成先生所著《清式营造则例》（图1）一书中（绪论）所言："中国建筑为东方独立系统，数千年来，继承演变，流布极广大的区域。虽然在思想及生活上，中国曾多次受外来异族的影响，发生多少变异，而中国建筑直至成熟繁衍的后代，竟仍然保存着它固有的结构方法及布置规模；始终没有失掉它原始面目，形成一个极特殊、极长寿、极体面的建筑系统。故这系统建筑的特征，足以加以注意的，显然不单是其特殊的形式，而是产生这特殊形式的基本结构方法和这结构法在这数千年中单纯顺序的演进。"——林徽因：《清式营造则例》（绪论）

林徽因先生所言之"结构法"及"原始面目"正是本书所关注的重点所在。众所周知，清末民国以降，中国积贫积弱，备受世界列强帝国主义的欺侮、侵占、霸凌，沦为半殖民半封建的境地，这也催生了中国有志有识之士的自觉自救之路，梁思成与林徽因就是其中的杰出代表。在梁思成及刘敦桢先生所领导之中国营造学社[1]坚持不懈的努力下，历经抗日战争、解放战争残酷而艰辛的岁月，渡劫磨难而又百折不挠，终得以将古代中国建筑史上的两部天书：清工部《工程做法则例》及北宋官式术书《营造法式》成功破译，尤其是后者，上承汉唐，下启明清，善莫大焉。

图1 《清式营造则例》梁思成著

相较于宋元明清，我国唐代木构建筑的实物遗存目前在中国仅发现三座，包括五台山地区的佛光寺东大殿及南禅寺大殿、芮城五龙庙，此外，从敦煌莫高窟等现存壁画中也可得窥唐代木构建筑"原始面目"之一二（图2～图5）。历史所遗各朝之章典文字更无从考起，时至今日，仍为考古及文化界之空白。

图2 佛光寺东大殿

图3 南禅寺大殿

图4 芮城五龙庙

图5 莫高窟172窟北壁壁画《观无量寿经》

鉴于大唐盛世在中国历史上的广博影响力，不能充分通过现存建筑遗物研究及展现中国文化的顽强生命力，实为一大憾事。虽然我国的近邻日本因为地缘之故，保存了数量不菲的隋唐同时代的流传遗构（图6～图7），权可想象当年中国盛唐时期的恢宏气势与文明的彰显。但毕竟为域外旁支的血脉，实不便研习探寻矣。想必是梁先生也有重构

图6 日本东大寺

图7 日本平等院凤凰堂

① 鉴真（688—763年），唐代高僧，日本律宗初祖。据《宋高僧传》等记载，俗姓淳于，广陵江阳（今江苏扬州）人。公元742年（唐天宝元年），他应日本僧人邀请，先后6次东渡，历尽千辛万苦，终于在754年到达日本。鉴真促进了日本佛学、医学、建筑和雕塑水平的提高，受到中日人民和佛学界的尊敬。

② 唐招提寺位于日本奈良城西，是日本佛教律宗的总寺院。寺院于公元759年由中国唐代高僧鉴真主持建造。主要建筑依次有金堂、讲堂、开山堂、宝藏、经堂、礼堂、鼓楼等。

大唐建筑盛况的梦想。1963年（中日尚未建交），适逢鉴真大和尚①圆寂1200周年，这位在唐代曾六次东渡扶桑的高僧，在日本被奉为"日本文化的大恩人"，值此时机，中日宗教界互商决定各自举行隆重的纪念活动。时任中国佛教协会会长赵朴初居士，向周恩来总理建言：借鉴真大和尚的纪念活动，为促进中日人民世代友好，建议在扬州（鉴真大和尚的故乡）大明寺（鉴真传法之所）兴建仿唐风的鉴真纪念堂（图8）。

图8　鉴真纪念堂

　　梁先生无疑成为唯一被选择的主持建筑师设计这项意义重大的，穿越时空沟通中日的建筑工程。为了完成此重任，梁先生多次下扬州踏勘现场及赴日本奈良等地参观研究当年鉴真大和尚东渡日本传授弘法所创建的唐招提寺②（日本国宝之一）（图9），以及同时期的唐风古建遗存，结合早年对佛光寺东大殿的详细研究，于1963年启动纪念堂的设计。鉴真纪念堂于1973年11月落成。

图9　日本奈良唐招提寺

建成后的鉴真纪念堂面阔18m（唐招提寺金堂面阔28m），进深10.5m，高10m。由于场地所限，比起梁先生所参访的奈良唐招提寺金堂规模小了不少，金堂七开间的面阔只能实现五开间；但在制式与风格上基本复建了金堂的原貌，虽然在细节上（如斗栱下昂及耍头的不同处理）比起唐代佛光寺东大殿有了些许的日本本土化的变化特征，但这也成为黏结中日两国建筑及文化同源基因的范例与象征。

正如梁思成先生在研究中国古代建筑史过程中所深刻认识的："不论何时何地，宗教都曾是建筑创作的一个最强大的推动力量。"从五台山的唐代遗存佛光寺东大殿，到鉴真和尚创建的唐招提寺金堂，再回到鉴真故里扬州大明寺之鉴真纪念堂，仿佛冥冥之中经由佛教这一因缘所系，盛唐文明又穿越了时空通过建筑这一可据的"东方独立系统"重新展现在我们眼前。2016年9月，鉴真纪念堂及其唐式廊院入选"首批中国20世纪建筑遗产"名录。

随着中国改革开放政策的确立与推进，经济实力的增强及国民生活水平的提升，唤醒了中国民众的文化自信与精神追求。伴随着国家宗教政策的落实，众多佛教寺院纷纷恢复宗教活动，修复或复建在"文革"中遭受损毁的场所及建筑。扬州大明寺复建于20世纪70年代的鉴真纪念堂自然也成为佛教界仿效的典范。

2004年年末，因缘际会，时任上海民族与宗教委员会工程处副处长的朱先生找到原构国际设计顾问[①]，介绍宝山寺方丈世良法师相见，谈及宝山寺异地重建的设想，拟采用原木结合古代工匠营造技术（不用现代的工具手段，完全采用古代传统人工建造技术，即前述的"结构法"）复建唐代风范（即前述的"原始面目"）的传统伽蓝制寺院；同时也带来了俞宗翘先生[②]早前手绘的总体布局及意向草图，因俞先生年事已高，难以全力以赴投入后续方案及扩初、施工图设计工作，世良法师决定委托原构全面承担宝山寺复建工程的设计工作。

时值2004年年末，中国25年的改革开放试验（1978—2004年）取得了令全世界瞩目的不俗成绩，经济发展迅猛，GDP增速达到前所未有的9.5%；走在中国改革开放前沿的上海地区更是能明显感受到民众对恢复中国古典美学生活的渴望与期盼：古琴、古乐、古戏曲、古玩、古字画、古典园林纷纷复苏，方兴未艾（图10），尤其是佛教场所的恢复与兴旺，让传统建筑（无论是宋元明清的风格，还是南北东西的园圃）的建设借助宗教的复兴而活跃起来。但大多数的复建工程限于造价及材料

① 双方早前在上海嘉定云翔禅寺的复建项目设计中相识结缘。云翔禅寺原建于梁代，在唐代大规模扩建，鼎盛时期有僧侣700人，后毁于一场大火，遗留的文物如砖塔、经幢等亦多为唐、五代形制，复建设计按照历史背景及遗留文物的状况采用唐代晚期的建筑风格。

② 老一辈宗教建筑设计师，早年毕业于清华大学建筑学专业，主要致力于传统宗教建筑的研究，曾在上海嘉定区云翔禅寺复建项目中与原构有过合作。

①

志莲净苑位于香港钻石山，始建于1936年。1989年进行了整体重建，共分六期进行，由俞宗翘先生主持设计，于1998年开放。此寺属全木结构仿唐佛寺建筑，由三进院落构成，呈四合院格局。

②

始建于北魏孝文帝时期，会昌法难后尽毁，于唐大中11年（857年）重建，属唐中后期大中之治的佛教寺院幸存者。

图10　上海古风复兴

的制约，选择的仍是钢筋混凝土仿建传统建筑这一比较经济且容易实现的方式，鲜有像宝山寺世良法师所坚持的复建之路。

世良大和尚所主持的宝山寺原址位于上海宝山区练祁河北岸，罗店镇老镇区内，原名梵王宫，始建于明朝正德年间，清乾隆二十七年（1762年）曾经重修，其间几经变迁，仅存天王殿及大雄宝殿，场地也拥挤不畅。经政府批准同意在原地东侧另辟新址20亩（后又扩大为50亩，并加建宗教园林一座——祇园）复建，其地北抵祁北路，东临罗溪路。

得此良机，世良法师以多年苦心募集采购的非洲红花梨木为材，终得以实现当年的发愿，参照唐式的营造结构法则，采用传统的建造技术，复建一批规模恢宏气象万千的大唐风格建筑，以弘扬中国之传统文化，彰显中国建筑之"原始面目"。

万事俱备，只欠东风。当一次聚集了主要参与者的团队合作会议后，大家聚焦的问题扑面而来：佛教自东汉启蒙，魏晋南北朝大发展，历经唐、宋、元、明、清几代至今，所谓唐代遗物在中国除山西仅存3处外，几无踪迹可循，我们所依的唐风设计蓝本以何为据？

俞宗翘先生由于在香港志莲净苑①的成功经验，建议参照志莲净苑的晚唐风格复制宝山寺，并提供了规划草图意向；世良法师及寺院方代表则补充认为宝山寺新址用地广阔，尤其大雄宝殿可完全参照佛光寺东大殿②的七开间面阔（志莲净苑大殿及梁思成先生所仿建之鉴真纪念堂均为五开间面阔，而日本所遗之唐招提寺金堂则为七开间）而建；民宗委朱先生亦持赞同之意；原构主持建筑师唐朔英女士在此基础上建议在参照唐中后期佛光寺东大殿的同时，亦借鉴北宋李诚之《营造法式》整体统一建筑群的所有标准（含各配殿、山门、天王殿、廊庑等）；毕竟唐代建筑已无书面章典可考，而北宋承继于唐，虽隔五代十国的乱世，仍为有据可考可依。自此，团队上下统一认识，团结一致，在总承包单位上海殷行建设集团及其总经理徐先生的全力支持下，一幕长达20年之久的宝山寺移地复建工程之大戏正式拉开了华丽而艰苦的序章。

设计阶段适逢CAD制图及计算机三维建模技术的日臻完善与成熟，团队在设计过程中通过现代的设计软件与技术充分理解了作为东方独立特有的木构法建筑系统的优越性与先进性，并通过先进的数字化计算模型（实体）证实了古代传统技术的科学、可靠、适用、坚固等原则。在"结构法"方面，充分理解了中国传统木结构被称为古代的标准化建筑体系（如宋代的"材分"制，清代的"斗口"制）的原因，中国传统木结构绝对不逊于任何其他古代文明的建筑体系（如罗马的"柱径分"制），甚至与现代的建筑体系（钢筋混凝土框架体系）有异曲同工之妙。至于美学方面，唐代木结构建筑的"结构法"蕴含的数量美学，与西方古希腊罗马的数量美学（如黄金分割比）如出一辙，同样形成了比例关系上的和谐之美，一个是石材体系的和谐，另一个是木材体系的和谐，都达到了人类在营造文明上的美学高度，对后世影响绵延至今。不仅如此，中国传统建筑的院落式群体组合布局方式更是体现了建筑美学与生活哲学的高度契合。

大唐虽然只遗存了三座极普通的宗教建筑单体，但我们依然能一窥我国木结构的技艺之高超，审美情趣之华丽雍容，国风气度之宏达广阔，所以从这个意义上讲，新建宝山寺完整重塑大唐的建筑群不是一次简单的模仿和重复，而是以今人的理解及技术并结合新时代的精神的一次再创造，是为保护传承这一独特的东方文明遗产的努力尝试。

截至2023年，宝山寺祇园基本建成，宝山寺以完整的寺院样貌呈现在众人面前。20年来，为了满足在当代规范的条件下实践传统营造技艺的目标，又有不同的合作单位陆续加入：上海金罗店开发有限公司、上海宝冶工程技术有限公司、同济大学、上海古建装饰有限公司和中国建筑上海设计院景观所等，在此一并隆重敬谢。20载春秋的匠心营造，见证了项目各方的精益求精和不懈追求，将它们一一记录，不仅是对过往的尊重，更是对未来的启迪与期许，在此也特别感谢宝山区罗店镇人民政府以及王一川女士对本书出版的大力支持。

原构国际设计顾问

2023年11月